ALL ABOUT RICHARD MILLE
リシャール・ミルが凄すぎる理由62

JN155768

RICHARD MILLE

PROLOGUE ★

本物の "Haute Horlogerie" を求めて

時を制するものは、戦を制し、政を制し、市場を制する。
時を把握することは、力を持つということを意味する。
それは過去も現在も、そして未来も変わることがないだろう。

かつて、正確な時間は限られた者だけが知りえる特権だった。
日時計や鐘の音で時刻を知る時代の話ではない。
思いだしてほしい。僕らは十数年前まで、月に一度くらいはテレビや電話の時報に合わせて、
時計の針を調整していたではないか。
機械式時計でも、クオーツでも、完全には正確ではないというのが、一般的な認識だった。
戦争映画で攻撃に向かう兵士たちが腕を突きだし、
時計の時間をひとつに合わせるシーンにリアリティを感じていた。
だが、デジタルの技術が世界の時計を一気にひとつの時間に合わせることに成功した。
あなたが使っているパソコンやスマートフォンは、グリニッジの標準時にぴったりとあっている。
海外に行けば、勝手に時差も修正してくれる。
しかもそれは、どんな腕時計よりも正確だ。
若者たちは、腕を突き合わせる兵士たちを見ても意味がわからないだろう。
誰もが時を制することができる時代になったのだ。

では、腕時計は魅力を失ってしまったのか？
その答えは "NO" だ。今も世界では、数十万円、数百万円、
あるいは数千万円以上の「高級時計」が売れ続けている。
クロノグラフ、ムーンフェイズ、パーペチュアルカレンダー、トゥールビヨンといった
複雑機構も珍しいものではなくなった。

では、そもそも「高級時計」とは何なのだろうか。
高価＝高級、なのか？
ブランド＝高級、なのか？
あるいは複雑機械式＝高級、なのか？
どれも正解のような気がしない。

この「高級時計」という日本語は、
おそらくフランス語の〝Haute Horlogerie〟（オートオルロジュリー）の直訳から来ているのだろう。
〝Haute〟は「高価な」「高級な」という意味の形容詞〝haut〟の女性形であり、
〝Horlogerie〟は時計を意味する。
この〝Haute Horlogerie〟に対する英訳は、
一般的には〝High Horology〟や〝High Watchmaking〟。
英語圏では「高度な時計学」や「高度な時計製造術」といった意味になる。
直訳だとどうしても〝高価＝高級〟という意味になりがちだが、
英訳を見るとその本来の意味するところが理解できる。
〝Haute Horlogerie〟とは、「高度な知識と技術で作られた時計」と考えるのが
正しいのではないだろうか。

翻って、現在市場に溢れる腕時計のなかに、
どれだけ「高度な知識と技術で作られた時計」、真の〝Haute Horlogerie〟があるのだろうか。
マーケティング重視で、高い価格に設定されたと思われる時計は少なくない。
老舗ブランドがそのブランドだけを盾に、ビジネスを展開していると感じることもある。
確かに機械式時計ではあるが、ムーブメントをつぶさに見ると、

PROLOGUE ★

価格と釣り合わない品質だと気づくこともある。
そういった時計を見ると、残念な気持ちになってしまう。

誰もが時を制することができる時代、
それでも私たちが"Haute Horlogerie"を求めるのは、そこにロマンがあるからだ。
ロマンは、マーケティングからは生まれない。
ロマンを生みだすのは、いつの時代も過剰で過激な情熱だ。
リシャール・ミルは、その過剰で過激な情熱で時計を作ってきた。
歴史はない。認知度も老舗ブランドにははるかに及ばない。
そして驚くほどに高価だ。
にもかかわらず、リシャール・ミルはデビューからわずか十数年で
世界中の時計ファンを熱狂させるブランドへと成長した。
それは、リシャール・ミルが真の"Haute Horlogerie"であるからに他ならない。

リシャール・ミルという人物は、高度な時計の知識と技術、
そして過剰で過激な情熱を持ち合わせている。
そして、誰よりもロマンチストだ。
だからこそ彼が作る腕時計には、無限のロマンがあるのである。
それは現代においては、正確な時間よりもむしろ価値があるものかもしれない。

真の"Haute Horlogerie"を求めて──。
リシャール・ミルを知れば、時計の今と未来が見えてくる。

INTERVIEW WITH Mr. RICHARD MILLE

INTERVIEW WITH Mr. RICHARD MILLE

　誰もがリシャール・ミルを凄い時計だ、凄いブランドだと言ってくれる。それはとてもありがたいことだし、嬉しいことだ。しかし私自身は、「凄い」と思ったことはない。
　謙遜しているわけではない。フランス語で凄いは「genial」という。この語源は、天才を意味する「génie」だ。私は、けっして天才ではない。なぜなら私は自分が好きなことしかやっていないから。そこには苦労も困難もない。私は自分が好きな時計作りを、情熱を持って続けているだけ。天才ではなく、幸福で幸運な人間なのだ。
　私は時計作りにおいて、本質を追い求めてきた。機械式でありながら、どこまでも正確で、堅牢で、軽量で、使いやすい腕時計。飾りやギミックを極力排し、実用的で美しい。リシャール・ミルでは、他のブランドのように毎年多くの新作を発表することはない。他のブランドのように18世紀の時計の"リメイク"を新作と呼ぶことはしない。私が作りたいのは、これまで作られることがなかった本当の"新作"だ。アイデアはたくさんあるし、できれば多くの新作を作りたいとも思うのだが、私の理想を追求し、高い完成度を求めていくと、どうしても開発に時間がかかってしまい、発表できる数は限られてしまう。
　ブランドをスタートしたころは、金もプラチナも宝石も使わない超高額の時計がこれだけたくさんの方に支持されるようになるとは思いもしなかった。私と思いを共有し、喜んでくれる人はいるはずだと信じていたが、ここまでの人気になるとは予想できなかった。最近では、若い人たちにとっても憧れの時計になっているという。世代を超えた人気ブラ

ンドになったことはとても嬉しいことだ。ありがたいことに、時計業界やラグジュアリー業界の市場がどんどん小さくなっているなかで、リシャール・ミルだけが右肩上がりの成長を続けている。

　そんな人気、ビジネスの成功を指して「凄い」という人もいるだろう。だが、リシャール・ミルが凄いわけではない。他のブランドが大切なことを忘れてしまったため、リシャール・ミルが特別なブランドになってしまった結果に過ぎない。時計をふくめたラグジュアリービジネスにおいて一番大切なのは、作り手の楽しむ気持ちだ。私は、リシャール・ミルの時計を誰よりも真剣に、そして誰よりも楽しみながら作り続けてきた。それがビジネスの成功にもつながっている。

　しかし現在、ほかの多くのブランドは、もの作りをビジネスとしてしか考えていないのではないだろうか。投資家やファイナンス系の人々がブランドの真ん中に入りすぎて、もの作りを数字で考えるようになってしまっている。もちろん数字は大切だ。私が好きなように時計を作り続けられるのも、数字をきちんと管理できているからだ。でも、それが目的になったことは一度もない。マーケティングのことばかり考えて作った時計なんて、誰も欲しいとは思わないだろう。

　リシャール・ミルは、私が考えるラグジュアリーを追求してきたブランドだ。自分が好きなこと、自分が考える究極だけを追い求めてきた。それこそが私のビジネス戦略だ。多くの新作を発表することはできないし、たくさんの時計を生産することもできない。いっさい妥協しないからどうしても価格が高く

INTERVIEW WITH Mr. RICHARD MILLE ✱

なってしまう。それでもそこにはマーケティングという"嘘"はない。

　リシャール・ミルのお客様に会うと、よくこんなことを言われる。

「リシャール、君は僕に素晴らしい夢を見せてくれたよ」

　ラグジュアリーを愛する方々は、そこに夢を見たいのだ。彼らはものの本質を見抜くセンスと知識を持っている。ブランドの嘘を見抜く力があるのだ。だからこそ、マーケティングではなく、楽しむために作られた時計に夢を感じ、心から喜んでくれるのだ。彼らは言う。

「もっとリシャール・ミルの時計が欲しい。でも大量生産はしないでくれ」

　彼らは私の情熱とリシャール・ミルのビジネスモデルを理解してくれている。私と一緒に、リシャール・ミルというブランドの成長を楽しんでくれているのだ。

　リシャール・ミルは、まだ創業20年に満たない若いブランドだ。だが、どのブランドにも負けない研究開発の時間を費やしてきた。私たちの10倍の歴史を持つ老舗ブランドよりも優れた技術、ノウハウを持っているという自負がある。そして忘れてはならないのは、私には素晴らしい仲間、チームがいるということだ。私ひとりでは、リシャール・ミルというブランドは完成しない。リシャール・ミルには、私に負けないほどの情熱を持った人間が集まっている。彼らと一緒に時計を作り、お客様に届けることが私の最大の喜びだ。私は決して天才ではない。リシャール・ミルというブランドと歩み続けることができている、幸福で幸運な人間なのだ。

リシャール・ミル

リシャール・ミルCEO。自称ウォッチ・コンセプター。歴史がものをいうスイスの高級機械式時計の世界で、2001年に自身のブランドを創設。わずか10年程で、名だたる老舗ブランドとグローバルで肩を並べるポジションを確立した。その商品企画力、ブランディング力、ライフスタイルセンスまでが、今や世界中から注目を集めている。

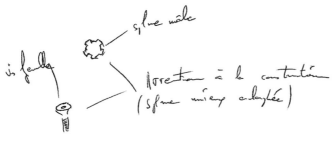
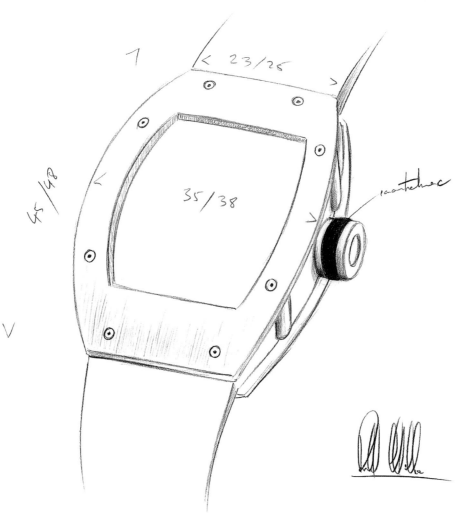

ALL ABOUT RICHARD MILLE
リシャール・ミルが凄すぎる理由62

CONTENTS ★

- **14** — RICHARD MILLE IS THE LEADING WATCH BRAND
  ブランドとして凄すぎる

- **42** — GREAT! AS A CONCEPTOR
  コンセプターとして凄すぎる

- **124** — TOO GREAT! MANUFACTURE
  マニュファクチュールが凄すぎる

- **152** — AMAZING! Mr. RICHARD MILLE
  リシャール・ミルさんが凄すぎる

- **172** — 2001-2017 RICHARD MILLE COMPLETE CATALOGUE
  リシャール・ミル コンプリート カタログ

ALL ABOUT RICHARD MILLE

RICHARD MILLE IS THE LEADING WATCH BRAND

ブランドとして凄すぎる

RICHARD MILLE IS THE LEADING WATCH BRAND ★ **1**

超短期間でトップブランドに成長
Grows up in a short term

　時間は、ブランドの価値を醸成する。"老舗"という言葉が魅力的なのは、長い時間をかけて成長を遂げ、信頼を重ねてきたことが、そのままブランドの価値に結びつくからだ。

　しかしリシャール・ミルが誕生したのは、2001年。18世紀、19世紀に誕生した老舗ブランドが幅をきかせる時計業界においては、生まれたてほやほやの新進ブランドにすぎない。しかしリシャール・ミルは、創業から十数年で、すでに時計業界の動向を左右するブランドとして、業界の内外から注目を集めている。2015年のアメリカの時計専門誌『Vanity Fair ON TIME』では、1940年代以降の時計業界の重要人物としてA.ランゲ&ゾーネの故ウォルター・ランゲ('40年代)、タグ・ホイヤーのジャック・ホイヤー('60年代)らと並び、2000年代の代表としてリシャール・ミル氏の名を挙げて紹介している。

　常識を破り続けながら、新しい常識を生みだす。その姿勢が数百年の時を超え、リシャール・ミルを唯一無二のブランドへと押し上げた要因だ。

RICHARD MILLE IS THE LEADING WATCH BRAND ──── * 2

常識破りの価格に
誰もが驚いた

Everyone was surprised at the price

金でもプラチナでもなく、ダイヤモンドもちりばめられていない。そんな時計が1000万円を超える。リシャール・ミルの腕時計の価格は、デビュー当時から時計業界の常識を超えるものだった。3000万、5000万、そして1億を超えるころには、もはやその価格に驚くこともなくなった。なぜならリシャール・ミルが作りだす時計には、価格分の価値があると誰もが理解できるようになったからだ。

例えば市販されているフェラーリと、F1のサーキットで走っているフェラーリの価格が2桁違うといわれて驚く人はいないだろう。リシャール・ミルの時計は、新しい価値を生みだすために開発されたレーシングカーと同じだ。プロダクトというよりもアートに近い。むしろ驚くべきは、革新的かつ芸術的な腕時計を日常で使えるという点だろう。例えば、ゴッホやピカソの作品を手首につけて歩くようなものだ。そう思えば、その価格も決して高すぎると感じることはないだろう。

RM 56-02 Tourbillon Sapphire

¥227,500,000

製作期間：7年

RM 031 High Performance

RICHARD MILLE IS THE LEADING WATCH BRAND ———— *3

理想をとことん追求
製作期間に期限なし

Spend 7 years to develop a watch

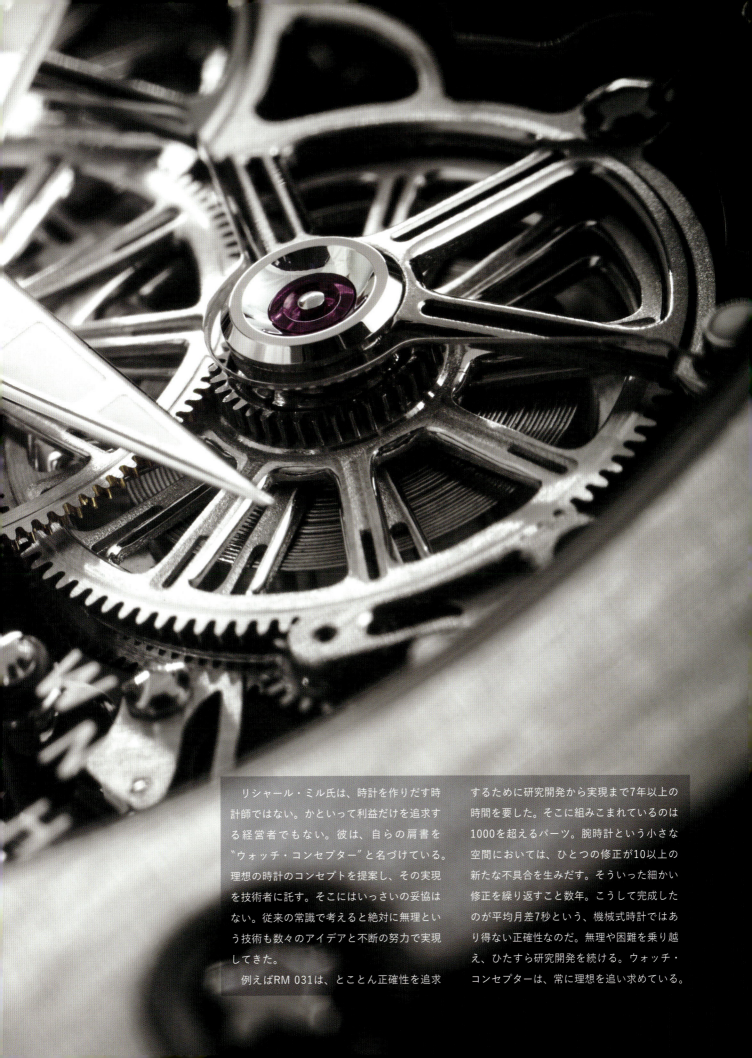

リシャール・ミル氏は、時計を作りだす時計師ではない。かといって利益だけを追求する経営者でもない。彼は、自らの肩書を"ウォッチ・コンセプター"と名づけている。理想の時計のコンセプトを提案し、その実現を技術者に託す。そこにはいっさいの妥協はない。従来の常識で考えると絶対に無理という技術も数々のアイデアと不断の努力で実現してきた。

例えばRM 031は、とことん正確性を追求するために研究開発から実現まで7年以上の時間を要した。そこに組みこまれているのは1000を超えるパーツ。腕時計という小さな空間においては、ひとつの修正が10以上の新たな不具合を生みだす。そういった細かい修正を繰り返すこと数年。こうして完成したのが平均月差7秒という、機械式時計ではあり得ない正確性なのだ。無理や困難を乗り越え、ひたすら研究開発を続ける。ウォッチ・コンセプターは、常に理想を追い求めている。

　2016年11月、鈴鹿サーキットでヒストリックカーイベント「RICHARD MILLE SUZUKA Sound of ENGINE」が開催された。リシャール・ミル氏自ら愛車とともに来日、多くの顧客と2日間にわたって名門サーキットでの走り（左ページ写真下）を楽しんだ。

　通常、ブランドが開催する顧客向けのホスピタリティイベントは、販売促進とセットになっている。しかしリシャール・ミルは違う。鈴鹿の会場に飾られていたのは、チャリティ用の腕時計が1本のみ。時計に関係なく、純粋にクルマとサーキットを楽しむことができるようになっていた。ミル氏にとって「1本でもリシャール・ミルの時計を持っている人はVIPであり、ファミリー」であり、こういったイベントも彼らとともに楽しむために行っているのだ。イベントでは、数多くのファミリーと気さくに語り合うミル氏の姿が見られた。こういった顧客との絆、つながりもまたこのブランドを育ててきたのだ。

RICHARD MILLE IS THE LEADING WATCH BRAND ──── 5

万全のケアが高い品質を守る
5 years warranty

　トゥールビヨンなどのコンプリケーションを気がねなく日常的に使うことができる。それはこのブランドの大きな魅力のひとつだ。リシャール・ミルの腕時計は、リュウズを動かすのにも気を使うような従来の複雑時計と異なり、優れた操作性と抜群のタフさを誇る。

　それを逆説的に証明しているのが、5年間という長期の保証制度だ。通常の使用範囲でのトラブルという条件つきではあるが、5年間という保証期間は異例。それだけタフさに自信を持っているということだろう。

　もちろんケアの体制も万全だ。販売前の点検は少なくとも2回。万が一のアフターケアもスイスの工房で資格を得た専門の国内技術者が行い、必要であればスイスに送り、修理・点検を行う。日本にもスイスで長期間の研修を受けた技術者が揃っている。レベルの高さは、本国の折り紙つき。スイス以外でトゥールビヨンに"さわる"ことができる技術者がいるのは日本だけ。エクストリームな腕時計を支える完璧かつ安心のサポートシステム。こういった背景があるからこそ、顧客は安心して高額の時計を買い求め、さらにリピーターになっていくのだろう。

RICHARD MILLE IS THE LEADING WATCH BRAND ── ＊ **6**

ビンテージ市場が熱い！
Become Vintage

　リシャール・ミルの腕時計は、品薄状態が続いている。欲しい腕時計があり、それを買うことができる資金があったとしても、それを手に入れられるかどうかはわからない。生産本数が限られているため、発売後に即完売になることもある。世界中のディーラーの奪い合いのような状態になっている。
　そこで注目されているのがビンテージだ。2016年、東京・銀座7丁目に移転したリシャール・ミルを中心に扱うビンテージ専門店「NX ONE」は、高級時計店顔負けの優雅な雰囲気になっている。この店では、過去に発売された人気モデルに出合うことも少なくない。'01年に創業したばかりのブランドの腕時計がビンテージとしての価値を持つことは異例だが、初期モデルや人気モデルの初期ロットは、発売当時のままか、それ以上の価格で買い取り、販売が行われることも珍しくないという。大きな声ではいえないが、時間がたっても価値が下がらないリシャール・ミルの腕時計は、かなり優良な投資物件という捉え方もできそうだ。

RICHARD MILLE IS THE LEADING WATCH BRAND ──★ 7
チャリティでもエクストリーム！
Charity

　リシャール・ミルという人は、時計作りを心から楽しんでいる。それは、ビジネスにまったく関係ないところでも変わることがない。2005年にスタートした多くの時計ブランドが参加する筋ジストロフィー患者のためのチャリティ活動「Only Watch」でも、リシャール・ミルは文字どおり、Only Oneの時計をオークションに提供してきた。

　'05年、'07年に提供したのは、世界的デザイナー、フィリップ・スタルクとのコラボレーションモデル。どちらも市場にはまったく出回っていない腕時計で、それぞれ1本だけがつくられた。また'11年にはラファエル・ナダル、'12年にはヨハン・ブレイクというブランドを代表するパートナーのうちのふたりと共同開発した人気モデルの、実際に選手が使用したプロトタイプを提供。いずれもかなりの高額で落札され、チャリティ活動を盛り上げた。リシャール・ミルの情熱は、多くの人に届いていることだろう。

RM 011 by STARCK

RM 005 by STARCK

RM 011 Charity for Japan

RICHARD MILLE IS THE LEADING WATCH BRAND ──

日本と日本人を心から愛する
Loves Japan

リシャール・ミル氏の熱い思いは、日本にも届けられている。2011年3月に日本が東日本大震災に見舞われると、直後の4月にチャリティ・オークション「DEAR FAMILY」を開催。さらに同年10月にもラファエル・ナダルやバッバ・ワトソン、ジャッキー・チェンなどから私物を募り、再びチャリティ・オークションを行った。以来、このチャリティ・オークションは毎年恒例となっている。'13年には、RMファミリーのひとり、ジャマイカの陸上選手ヨハン・ブレイクが来日し、被災地の南相馬市を訪問。その時のオークションでは、ミル氏が自らの手首につけていた発表前の新作を出品するというサプライズもあった。'16年に熊本地震が起きた際もすぐにチャリティ・オークションを開催。売上の全額を復興支援金として寄付した。常に日本を気にかけ、ビジネス度外視のチャリティを行うリシャール・ミルの思いに日本人として感謝を禁じ得ない。

RICHARD MILLE IS THE LEADING WATCH BRAND ———— ＊9

リシャール・ミル氏ひとりでは、「リシャール・ミル」の時計は作れない
The stars

Yves Mathys イヴ・マティス
生産部門マネージングディレクター

　リシャール・ミル氏は、時計師ではない。彼は、新しい時計のアイデアを提案する"ウォッチ・コンセプター"であり、それをカタチにするのは、工房で卓越した技術と情熱で時計をつくり続ける人間たちの仕事だ。そのリシャール・ミルの生産部門の筆頭が、ブランド創成期からミル氏の右腕として彼の"夢"をカタチにしてきたイヴ・マティス氏。リシャール・ミルのすべての時計は、彼の指揮のもとに生産されている。イヴ氏は言う。「私たちは時計という商品を販売しているわけではなく、ライフスタイルや情熱的なスピリットを提案しているのです」。ブランドを一躍有名にしたナダルモデルも彼の力なくしては、完成しなかった。「試合中、何百万人ものテニスファンの前で時計がバラバラになってしまうのではないかとヒヤヒヤしていました。ナダルが優勝した瞬間、ミル氏から『よくやった、イヴ』とショートメールが届いた。いまでもあの時のことを思いだすと胸が熱くなります」。彼もまた、ミル氏に負けない熱いハートの持ち主なのだ。

Julien Boillat ジュリアン・ボワラ
テクニカル・ディレクター

Salvador Arbona サルヴァドール・アルボナ
ムーブメント担当テクニカル・ディレクター

「究極の素材をつかって、自由に時計を作ることができるというのは、とてもエキサイティングなことなのです」。テクニカル・ディレクターのジュリアン・ボワラ氏は、おもに外装関係の開発を担当している。リシャール・ミルの命ともいえる堅牢性と軽量性を確保するため、さまざまな新素材を研究し、試行錯誤を繰り返す。これまでリシャール・ミルでは時計業界の常識を覆す多くの素材を採用し、驚異的なコンセプトを実現してきた。彼は言う。「コンセプトがパーツを定義するのであって、パーツが時計を定義することはない」。ときに無理難題とも思えるようなリシャール・ミル氏のリクエストに応えるため、彼は常に最先端の工業技術、ときにはトップシークレット級の軍事技術にまで目を光らせる。「私の役割は常に最先端のイノベーションを駆使すること。それをするからこそ、リシャール・ミルは唯一無二のエクストリーム・ウォッチを提案することができるのです」。

リシャール・ミルの時計の魅力は、最先端のテクノロジーを用いながら、ネジとゼンマイで動くクラシックなメカニカルムーブメントにこだわっているという点だろう。「ムーブメント作りは常にチャレンジの連続です」。ムーブメント担当のテクニカル・ディレクター、サルヴァドール・アルボナ氏は言う。「私たちは、特別な素材で作られる最先端のコンポーネントを伝統的な手作業で組み立てていきます。どうしても時間がかかるため、生産数は限られてしまいますが、そこにいっさいの妥協はありません」。彼は、リシャール・ミルが作った初めてのトゥールビヨンつくりから携わっている。「リシャール・ミルは、時計とその価値に関する概念を再定義した」。チャレンジすることが彼の歓びでありプライドだ。稀代のコンセプターから生まれるたくさんのアイデアに、いちばん最初に、いちばん近くで触れられるというのは時計をつくる者にとって、この上なくエキサイティングなことなのだろう。

RICHARD MILLE IS THE LEADING WATCH BRAND ── ★ **10**

ブランドを支える顧客との信頼関係

Relationship with the customers

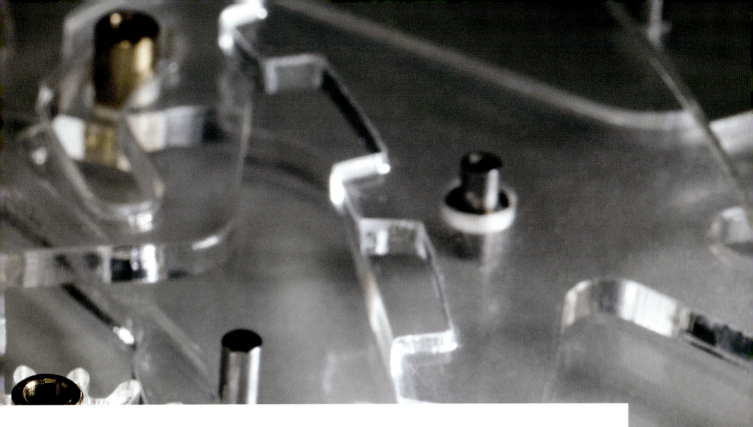

リシャール・ミル氏は言う。
「うちの顧客は、みんな僕と似ている。いくつになっても短パンをはいた少年なんだ」
 彼は、顧客との信頼関係に絶対的な自信を持っている。驚異的な金額を支払っても、時に納品まで長い時間がかかっても、顧客はリシャール・ミルの時計を待ち続ける。それは、顧客たちがリシャール・ミルの時計哲学を理解し、共感しているからに他ならない。だからこそ彼らの多くは、リピーターとしてリシャール・ミルの時計を買い続けるのだ。
「顧客も僕と同じように卓越した技術や完璧な美に妥協を許さない。だからこそ僕も常に彼らの期待に応える腕時計を作らなければならないという責任と義務を感じているんだよ」
 以前、顧客のひとりがこう語っていた。
「僕はリシャール・ミルの時計以上に、リシャール・ミルという人間のファンなんだ」
 そこには、ブランドと顧客という関係を超えた揺るぎない結びつきがあるのだ。

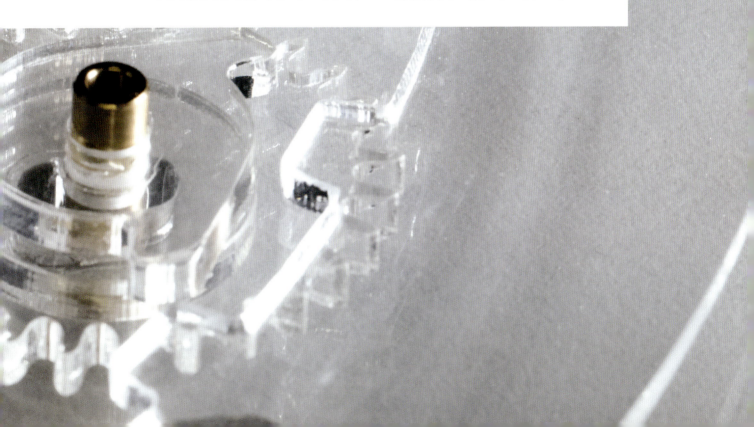

私が見た リシャール・ミルが 凄すぎるところ

1

時計ジャーナリスト
SJX氏

高級時計の既成概念を崩した 〝世界的に最も成功したウォッチメーカー〟

　私がリシャール・ミル氏に出会ったのは、10年以上も前に、シンガポールの新聞『The Business Times』紙で取材した時でした。その時のインタビューで彼は、「高級時計とは、重くてがっちりとしている希少品だと思われている。それが〝高級〟なんだと思われてしまっている」と語っていました。こうした既成概念を崩すべく彼が作ったのが、ウルトラライトなアイテムでした。

　リシャール・ミル最大の特徴は、やはりそのデザインにあります。彼のデザインは、時計を見ているにも関わらず、まるでクルマやマイクロチップのような、複雑でテクニカルなものを見ている印象を与えます。

　リシャール・ミルが登場する以前は、高級時計とはメカニカルな要素を〝見えないところ〟に隠すのが主流でした。ムーブメントの機構が見える時計、例えばスケルトンウォッチなどはファンシーなアイテムでしたが、施された彫金自体はバロック調で、古風な印象を与えていました。さらに、ムーブメントのローターはカスタマイズされていても、その他の部分は加工されていないなど、統一性のないデザインも多くありました。

　リシャール・ミルがデビューした2001年当時はまだ、高級時計市場はもっと保守的だったという点は覚えておくべきでしょう。当時はA.ランゲ＆ゾーネの「ランゲ1」や、ロジェ・デュブイのレトログラードなどが、個性的なデザインとされていたのです。また同時期には、ヴィアネイ・ハ

ルターの「アンティコア」や、ウルベルクの「UR-103」などが話題となりましたが、これらは非常にアヴァンギャルドで、伝統的な時計の面影がいっさいなく、一般のユーザーには受け入れられないようなデザインばかりでした。

半面リシャール・ミルのアイテムは、リュウズや時分針も通常の位置にあり、一見しただけでは普通の時計という印象でした。ケースの形状も、1990年代から2000年代半ばに最も成功したインディペンデントであるフランク ミュラーのトノーケースに似ていました。

しかし複雑さに慣れていない一般ユーザーにとって、リシャール・ミルのデザインは、「RM 010」のようなシンプルなモデルでさえ、非常にテクニカルで複雑な印象を与えました。RM 010は、ベーシックなヴォーシェ・マニュファクチュール製のエボーシュを採用していますが、リシャール・ミルのバージョンは、同類の他のムーブメントとは異なった印象を与えました。

リシャール・ミルのアプローチが個性的で、デザインが生きる理由は、もっと包括的な要素にあります。徹底した細部へのこだわりは、すべてのディテールを複雑に見せるデザインとなっています。ブリッジやバランスコック（テンプ受け）から、ケースを留めるスクリューまで、何ひとつ偏屈な部品がありません。

F1や航空機などに使用される、ノベルティの高い最先端の素材を使用していることも、リシャール・ミルのアイテムに個性を追加しています。カーボンコンポジットや超軽量合金を初めて時計に採用し、それらの素材を流行らせたのも彼でした。実際にはカーボンコンポジットを使用したって、ムーブメントがする仕事に変化が起こるわけではないのですが、こうした新しい素材を使用することで、非常にハイテクな印象をもたらしたのです。

こうした要素のすべてが、リシャール・ミルを"世界的に最も成功したウォッチメーカー"に押し上げた理由でしょう。現に高級時計業界全体を包み込んだ不況にも関わらず、リシャール・ミルは、2016年に最も成長したラクジュアリーウォッチブランドのひとつとされています。

Mr. Su Jia Xian

現在リシャール・ミルは、ブルネイのハサナル・ボルキア国王やJay-Z、シルベスタ・スターローンなどが着用するなど、世界中の著名人に愛され、現代を象徴するウォッチブランドとなりました。インドネシアやロシアなどの政治家などが使用している高級時計がメディアに報道される際も、リシャール・ミルの時計である場合が多いようです。

こうした成功により、リシャール・ミル氏自身のスタイルが"高級"の象徴となり、競合ブランドにそのスタイルを模倣されるまでになりました。今後、彼が現在のポジションからどのように進化してゆくのか、高級時計業界全体が注目しています。

ALL ABOUT RICHARD MILLE

GREAT!
AS A CONCEPTOR

コンセプターとして凄すぎる

GREAT! AS A CONCEPTOR ★11

既成概念の破壊
―ムーブメント自体がデザインパーツ―
Concepts

　2001年にデビューを飾ったリシャール・ミルの初作「RM 001 トゥールビヨン」には、後のプロダクトイメージを決定的なものとする要素がすべて盛りこまれていた。衝撃的だったのは、ケース、ダイヤルといった〝時計のデザイン〟を決める外装部品に加え、ムーブメントそのものをデザインの一部に組みこんだことである。ブランドの立ち上げに先だって、後にムーブメント開発全般で緊密なパートナーシップを結ぶこととなるAPルノー・エ・パピ社を訪れたリシャール・ミル氏は、CEOのファブリス・デシャネル氏に〝既成概念の破壊〟を明確にリクエストしたという。ミル氏は言う。
「この時計はダイヤルとケース、ムーブメントがすべて同時にデザインされている。だからケースにムーブメントを合わせるためのスペーサーなどは不要なんだ」
　RM 001のダイヤルは、インデックスだけを刻みこんだサファイアクリスタル製。そのため〝時計の顔〟は、すべてムーブメントの装飾として表現されている。新しい、現代的なプロダクトであることを強調するため、コート・ド・ジュネーブやペルラージュといった伝統的な装飾手法はすべて排されて、従来になかったデコレーションの手法が模索された。リシャール・ミルは、外装と内部構造という最も根本的な垣根を取り払うことで、その初作において、時計に類いまれな一体感を与えることに成功したのである。

RM 001 Tourbillon

GREAT! AS A CONCEPTOR ── ★ 12

進化を続ける
リシャール・ミル流のベーシック
Basis of RICHARD MILLE

　先進的なコンセプトを掲げた研究開発で、"高級時計の未来像"を提示してきたリシャール・ミルだが、その一方で、ベーシックラインの充実と進化も見逃すことはできない。まずはヴォーシェ製のムーブメントを搭載する、自動巻きの2モデル。2006年に初登場した「RM 010」は、片方向巻き上げ方式に"可変慣性モーメントローター"を備えたオリジナルムーブメント「Cal.RM005-S」を搭載し、'10年頃まで多くのリミテッドエディションのベース機としても使われた。'11年には、4時位置にオーバーサイズのデイト表示、2枚のディスクを使用した新ムーブメント「Cal.RMAS7」が完成。RM 010の後継機となる「RM 029」が登場している。

　もうひとつ、リシャール・ミルのベーシックラインとして知られるのが、自動巻きのフライバッククロノグラフ「Cal.RMAC1」を搭載した「RM 011」だ。'07年の初出時から、"フェリペ・マッサモデル"や"ル・マン クラシックモデル"など多くのモデルに使用されてきた。同モデルの派生機としては、デュボア・デプラ製の各種モジュールをプラスした「RM 11-01」（Cal.RMAC1／センターに配置された60分積算計により、サッカーのプレイ時間も計測可能／'13年初出）や、「RM 11-02」（Cal.RMAC2／デュアルタイム付き／'15年初出）などが製作されたが、TZPブルーセラミックスベゼルを備えた'16年の"ラストエディション"で有終の美を飾っている。

　同'16年には、新設計のフライバッククロノグラフムーブメント「Cal.RMAC3」を搭載し、RM 011直系の後継機となる「RM 11-03」が発表されている。

GREAT! AS A CONCEPTOR ── ★ 13

躍進のセカンドステップ ―トラス構造のムーブメント―

Truss

　ムーブメント自体をデザインパーツとする手法は、2007年発表の「RM 012」でさらなる飛躍を遂げた。ムーブメントの基本構造自体を"破壊"し、トラス構造のパイプフレームですべてを支える構造に挑戦したのだ。なお、RM 012開発のバックステージには、あまりにも有名な"リテイク事件"というエピソードがある。約1年がかりでプロトタイプを組み上げたAPルノー・エ・パピ社で祝杯を上げているその最中に、リシャール・ミル氏本人からすべてをやり直すほどの指示が飛びこんできたのである。開発の陣頭に立ったジュリオ・パピ氏は当時をこう語る。
「このモデルもレーシングカーのシャシーにインスピレーションを得ています。トラス構造のフレームは、F1のヒストリックレーサーにも多用されたように、エステティックよりも強度を追求したものでした」
　ところでウィリアムズF1チームを率いた猛将フランク・ウィリアムズは、ニューマシンのシェイクダウン時にタイムが伸び悩んだ際、シャシーを軽くするために、自らフレームの一部をカットしてしまったという。RM 012がシェイクダウンした直後の"リテイク事件"についてパピ氏は、「当然ミル氏も"猛将"のエピソードは知っていたでしょうね」と笑う。このためRM 012の完成発表は1年遅れたが、その年のジュネーブ・ウォッチメイキング・グランプリで、最高賞である"金の針賞"を獲得する栄誉に輝いている。

RM 012 Tourbillon

GREAT! AS A CONCEPTOR ——— ★ **14**
煌びやかな女性のためのムーブメント
Movements for ladies

RM 19-01

RM 019

RM 051

　リシャール・ミルは、レディスウォッチのアプローチさえ根本的に変えてしまった。従来ダイヤモンド装飾は、ケースやダイヤルに施されるものと決まっていた。そうした外装部品に施すデコレーションならば、機能には直接関係がないからだ。しかし、初作から外装と内部構造の垣根を取り払っていたリシャール・ミルは、ムーブメント自体に装飾を加える手法を選んだ。

　2009年に発表された「RM 019」では、ムーブメントにケルトノット装飾を象ったフレームを加え、そこにダイヤモンドをあしらったのである。さらに地板には、磨き上げられたブラックオニキスが用いられ、煌びやかなビジューとしての機械式ムーブメントを完成させていた。同様のアプローチは、女優のミシェル・ヨーとのコラボレーションにより、ムーブメント上にフェニックスのモチーフをあしらった「RM 051」（'12年発表）や、スパイダーモチーフの「RM 19-01」（'14年発表）などにも受け継がれ、リシャール・ミルの象徴的なプロダクトのひとつとなっていった。

GREAT! AS A CONCEPTOR ── *15

甲冑を纏った
リシャール・ミル
RICHARD MILLE in armor

　ダイヤル上のインフォメーションを極端に絞り、小さな小窓だけで表現する時計の様式を"ギシェ"という。たいていはダイヤル部分がケースと同素材のプレートで覆われていることから、日本では"鉄仮面"というニックネームもなじみ深い。耐衝撃性という技術的挑戦に対する実験の場として、ポロプレイヤーのパブロ・マクドナウを開発パートナーに迎えたリシャール・ミルは、まず既存のRM 010を手渡した。しかしポロ競技の激しさは想定を遥かに超えており、RM 010は"完全に破壊された状態"でファクトリーに返ってきたという。そこで模索された耐衝撃性に対するまったく新しいアプローチが、2012年に発表された「RM 053」であった。
　新開発のムーブメントは30度傾斜させてケースに搭載され、さらにケース表面にはチタンカーバイト製のプロテクトカバーも装着された。切削工具にも用いられるチタンカーバイトは表面硬度が極めて高く、RM 010を完全破壊するほどの衝撃にも耐えた。コレクションのなかでもあまりにも特異な"リシャール・ミルの鉄仮面"は、衝撃に耐え抜く、文字どおりの甲冑だったのだ。

GREAT! AS A CONCEPTOR ─── *16
アシンメトリーにも意味がある
Asymmetry has a meaning

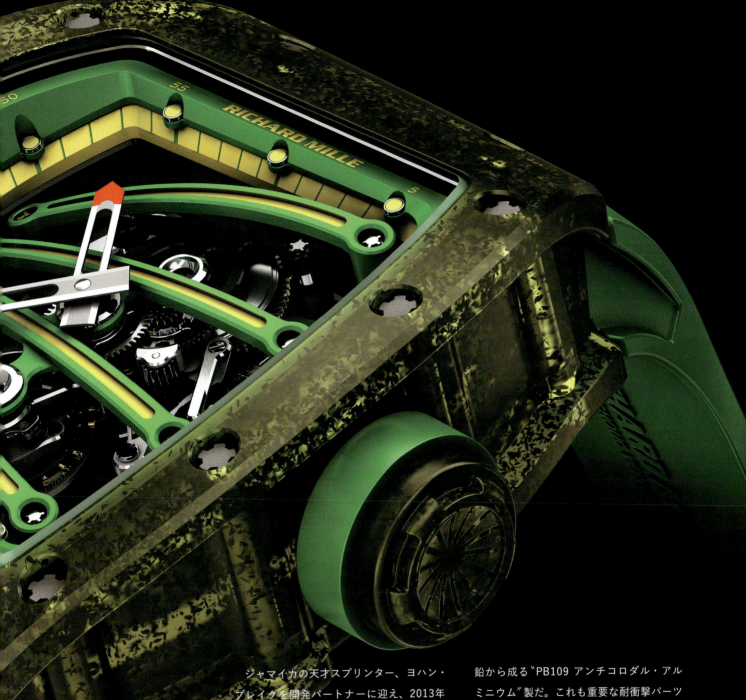

RM 59-01 Tourbillon Yohan Blake

ジャマイカの天才スプリンター、ヨハン・ブレイクを開発パートナーに迎え、2013年に発表された「RM 59-01」。見る者を震撼させた特徴的なグリーンのケースは"カラードカーボン・コンポジット"と呼ばれ、カーボンナノチューブを黄緑色のポリマーで満たした型に射出成形することで完成したもの。これもリシャール・ミルが長年取り組んできた耐衝撃性へのひとつの回答である"超軽量ケース"の流れを汲む。さらにダイヤル側から見えるジャマイカンカラーのブリッジや地板も、アルミニウム、マグネシウム、ケイ素、鉛から成る"PB109 アンチコロダル・アルミニウム"製だ。これも重要な耐衝撃パーツのひとつであると同時に、各輪列部品の滑らかな動きも約束してくれる。

しかしRM 59-01で最も特徴的なのは、そのケースデザインだろう。リュウズ側が分厚く、その逆側は細く薄く絞りこまれている。魅力的なフォルムを持つアシンメトリックケースは数々あれど、これはかなり特殊な造形といえるだろう。肉体を剝きだしにして闘うスプリンターにとって、RM 59-01は腕に巻く空力パーツそのものなのだ。

RM 11-02 Le Mans Classic

GREAT! AS A CONCEPTOR ──── *17
トノーケースもクルマがモチーフ？
Tonneau type case

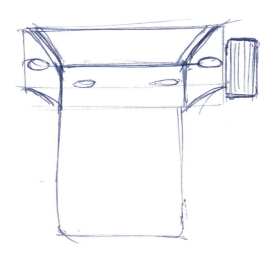

　2001年発表の「RM 001」から、'07年の「RM 015」まで、リシャール・ミルの腕時計は、一貫してトノーケースにこだわり続けた。リシャール・ミル氏が言うところの"スーパーエルゴノミック"なケースは、確かに腕なじみも素晴らしく、リシャール・ミルの確固たるアイコンモチーフに成長を遂げている。しかしRM 001の開発にも携わったAPルノー・エ・パピ社のジュリオ・パピ氏はこうも語っている。
　「確かにトノーケースは後年にリシャール・ミルのアイコンになりましたが、開発当初のコンセプトは少し異なりました。あれも"クルマ"なんですよ。6時位置からアオリで見た造形が、クルマに見えるシルエットなのです。確かに装着感にも優れたシェイプなのですが、ミル氏が最も求めたものは、クルマの造形美だったのです」
　パピ氏はこう言いながら、さらさらとスケッチを描いてくれた。実際のケースは巧みに換骨奪胎されているものの、モチーフの初期段階は確かにクルマだったのだ。

GREAT! AS A CONCEPTOR ★ 18
ムーブメント自体がスカルモチーフ
Skull motif

　ムーブメント自体をデザインの一部と捉え、数々の挑戦を繰り返してきたリシャール・ミルは、今やムーブメントの骨格である"地板"と"受け"の造形を自由自在に操ることも可能だ。永遠のタリスマンモチーフのひとつである"スカル"を象（かたど）ったトゥールビヨンムーブメントという発想も、ごく自然に実現できただろう。

　凡百（ぼんぴゃく）なデザイナーならば、ダイヤル上にスカルモチーフを置いて終わり。これは単純な"デザインのためのデザイン"だ。しかし「デザインなど一度も考えたことがない」と公言するリシャール・ミル氏が、それに飽き足らなかったことは言うまでもないだろう。ミル氏が作り上げたのは、生きて駆動する、機能的なスカルである。

RM 052 Tourbillon Skull

GREAT! AS A CONCEPTOR ──── ★19
ケース側面のリブはF1エンジン
Case side

　リシャール・ミルのトノーケースがクルマをモチーフにしている証が、ケースサイドにひとつ残されている。リシャール・ミルがムーブメントの造形や装飾に、メカクロームのF1エンジンを参考にしたことは有名なエピソードだが、このケースサイドのリブもF1エンジンを思わせるディテールのひとつなのである。ベゼルからケースバックまでを貫くネジが通るこの部分は、どんなエンジンにもある、クランクケースを締結するボルトの"逃げ"なのである。リシャール・ミル氏曰く「リブで剛性を高める発想はレーシングカーから得た」とのことだが、これはケースにもムーブメントにも当てはまる。前者がこのケース側面のリブ。後者はムーブメントの受けに施されたリブで、こちらはミッションケースの断面を思わせるような造形だ。

RM 11-03 Automatic Flyback Chronograph

GREAT! AS A CONCEPTOR ──★ **20**

メカニカルなリュウズも重要な機能パーツ
The crowns

　ファンクションセレクターを搭載した「RM 002 V2」以降、リシャール・ミルのリュウズはヒューマンエラーによる防水性の不足（つまりリュウズの締め忘れ）という課題から解放された。そのためリュウズのデザイン自体、かなり自由度が増していることは事実である。リシャール・ミルのリュウズは、一般的なものに比べてかなり大きく、操作性も非常に高い。しかし基礎開発段階では、単なるデザインパーツでは片づけられない研究も行われていた。ムーブメント開発に携わったジュリオ・パピ氏は言う。

　「完全なケース単体という意味ならば、我々が開発に携わることはありませんが、リュウズはまったく別です。この部分はムーブメント側にかかる影響が極めて大きいので、サイズなどをきちんと把握していなければなりません。RM 001の開発時には、（軸トルクを計測する）精巧なダイナモメーターのメーカーを見つけられたので、開発と生産をケースサプライヤーに任せられましたが、それがなければリュウズもAPルノー・エ・パピ社で開発していたでしょう」

　たかがリュウズひとつと侮るなかれ。機能に直結する部品を、リシャール・ミルがおろそかにすることは決してあり得ないのだ。なお余談だが、RM 001からRM 003までは、質の高い時分針を仕上げるサプライヤーが見つからず、針までAPルノー・エ・パピ社で作ったとか。おそらく市場で最もハイコストな針になったことは、まず間違いのないところだろう。

RM 004 Sprit Seconds Chronograph Felipe Massa

GREAT! AS A CONCEPTOR ——— ★ **21**

チェーンのアタッチメントひとつが複雑機構

The crown for RM 020

カジュアルなスタイルで使うポケットウォッチとして、2010年に発表された「RM 020 トゥールビヨン ポケットウォッチ」。巨大なカーボンナノファイバー製の地板や、約10日間のパワーリザーブを実現させるツインバレル、V字型の耐衝撃ブリッジを備えたトゥールビヨンキャリッジなど、リシャール・ミルらしい特殊性が織りこまれた快作だった。

一方、チェーンを脱着することで、"デスククロック"としても使えるユーティリティの高さも兼ね備えていた。そのキーとなったパーツが、デタッチャブルアタッチメントを兼ねるリュウズである。フランス・ブザンソンにあるリュウズ専門のサプライヤー、シュバル社と共同開発したこの部分だけで、優に100パーツを超える。チェーンをリュウズに直留めする構造のため、チェーンを使った携帯時に主ゼンマイを巻き切ってしまわないように、トルクレンチと同様のラチェット機構を内装したためだ。またチェーン先端のフックは、リシャール・ミルの象徴でもあるトノーシェイプを象ったものである。

RM 020 Tourbillon Pocket Watch

私が見た リシャール・ミルが 凄すぎるところ 2

時計ジャーナリスト
イアン・スケレン 氏

まるで地球よりも文明が発達した未知の惑星から届いたようだ

ウルベルクやMB&F、HYTなどのコンテンポラリーブランドがたくさんある今日、リシャール・ミルが誕生した2001年当時にどのような時計が主流だったかを思いだすのは難しいことです。当時の雰囲気を表す形容詞は、懐古主義や平凡、落ち着いてつまらなく、想像力に欠けて……　全体的には丸型が多い、といったところでしょうか。

もちろん、角型やトノー型のようなケースも存在していましたが、それらに新鮮さはまったくありませんでした。スポーツウォッチはほとんどがスティール製で、ラグジュアリーウォッチはゴールド製かプラチナ製であり、高級さの度合いを決めていたのは、貴金属の重量でしかなかったのです。

そんな時代にリシャール・ミルが発表した「RM 001 トゥールビヨン」は、まるで地球よりも文明が発達した未知の惑星から届いたようでした。ケースの形状はユニークで、時間が判読しやすく、実用性にも長けていました。そしてRM 001の縦45×横38mmというサイズは、オーバーサイズが主流ではなかった当時にしては、かなり大きなものでした。

2001年当時、トゥールビヨンはまだ珍しい機構で、主にこれを採用していたのは、伝統的なブランドの、最も伝統的な時計だけでした。小さな宇宙船のような近未来的な時計に、この機構が採用されるなど、だれも想像していな

いことだったのです。

　また当時のマーケティング手法といえば、誇張された派手なメッセージが主流でしたが、リシャール・ミルのタグラインは「腕にのせたレーシングマシン」というシンプルすぎるほどのものでした。彼はカーレース、特にF1が大好きだったそうです。

　リシャール・ミルを代表するモデルはふたつあると思います。まずひとつは「RM 012」です。このモデルは、世界で初めてスティールとチタンチューブ製のベースプレートとブリッジを採用した腕時計だからです。さらに当時は革命的だったチタン、香箱、輪列とトゥールビヨンキャリッジには、アルミニウム合金であるアン

を出して下さい」と言うのでその通りにすると、腕に何かが触れた感触があったのですが、それを時計とは思いませんでした。時計にしてはあまりにも軽過ぎたからです。私が目を開けると、信じられないことに、腕の上に50万ドルもするトゥールビヨンが置かれていました。何も感じられない程に軽く、しかし5時間近くのスポーツ（テニスのプレイ時間）にも耐えられる時計です。

　リシャール・ミルはインスピレーションと驚きを与えてくれますが、なによりも重要なことは、彼が活躍し続けているということです！

Mr. Ian Skellern

チコロダル100を採用することによって、リシャール・ミルはムーブメントの"構造の壁"を壊すだけでなく、ムーブメントを構成する素材においても、まったく新しい世界に足を踏み入れたのです。

　そしてもうひとつは、超軽量な「RM 027 トゥールビヨン ラファエル・ナダル」です。この時計は、高級時計なのに超軽量という新しいラクジュアリーウォッチのスタイルと、新しいスポーツウォッチ（トゥールビヨン）のスタイルを、同時に誕生させたのです。

　2010年のバーゼルワールド終了時に、私はミル氏にまだ発表していないモデルはあるのかと訊いたことがあります。彼が「目を閉じて片腕

GREAT! AS A CONCEPTOR ── ★ **22**

ネジ1本からも見える
リシャール・ミルの特殊性

The screws

　リシャール・ミルの特殊性を最もわかりやすく表しているパーツが、ベゼルやムーブメントパーツを留めているネジだろう。これは通常の機械式時計で多く用いられるマイナスネジではなく、"スプラインネジ"と呼ばれるチタン製パーツ。ネジの製作だけで、20工程を超えるオペレーションが必要となる。

　ヘッド部分の形状はエクスターナル トルクス（E Torx）に似るが、6葉ではなく5葉の専用形状を持っている。当然、専用に開発された工具を用いなければ扱うことができず、また強い締めつけトルクをかけやすい形状のため、トルク管理も重要だ。平均的には50mNmが規定値とされているが、チタンカーバイトやサファイアクリスタルの場合は40mNm、カーボンコンポジット製のベゼルの場合は30mNmと、素材によって規定値を変えている。ストラップの取りつけ部分のみヘッドの形状を4葉に変更。ちなみにストラップの締めつけ規定値はケースと同様に素材によって、適正値が定められている。

　なお、このネジ自体が非常に高価なパーツであり、1kgあたりのプライスは約220万スイスフラン（約2億6000万円）ともいわれる。

GREAT! AS A CONCEPTOR ── ★ **23**

超軽量ムーブメントへといたる技術的バックボーン
―カーボン製のベースプレート―
Base plate in carbon

腕に巻くF1マシンなどと形容されるリシャール・ミルの時計。そのファーストモデルである「RM 001」（2001年発表）に、リシャール・ミル氏が盛りこみたかったひとつにカーボンファイバー製の地板があった。RM 001に搭載するムーブメントを"黒いF1エンジン"に仕立てることは、開発初期段階から決まっていたからだ。しかし「高級時計に使用可能なカーボン素材が存在するのか」という問題は未解決のままだった。これは"硬すぎて削れない"といった精密加工に関する問題ではない。当時、通常のカーボンファイバーは約20%のレジン成分を含んでいた。レジン成分が多ければ、紫外線による劣化が懸念されるうえ、オーバーホール時に用いる洗浄液との相性も未確認のままだった。つまり工作方法自体が問題なのではなく、素材そのものが高級時計に適したものか確証が持てなかったのだ。RM 001の開発に携わったAPルノー・エ・パピ社では、約5年をかけて高級時計に使えるカーボンファイバーを探し回ったという。ようやく巡り合ったのが、アメリカで製造されていたレジン成分2%のカーボンファイバー素材だった。なおRM 002〜RM 008までのチタン地板を採用した初期モデルは、カーボン地板に換装した「V2」に対し、便宜的に「V1」と呼ばれている。また、たった17本しか生産されなかったRM 001の地板は、5本がPVD加工された真鍮製、12本が同チタン製と公式資料にあるが、今回ジュリオ・パピ氏が明かしたところによれば、真鍮製ではなくPVD加工されたマイショー（洋銀）製だった。

GREAT! AS A CONCEPTOR ── ★ **24**

ドライビングイメージの操作感覚
―ファンクションセレクター―
Function selector

　2001年に市場投入された「RM 001」には、"一刻も早く愛好家たちの反応が見たい"という、マーケットリサーチモデルとしての側面もあった。結果は驚くべきインパクトをもって市場に受け入れられたわけだが、その成功を下敷きとして、より"クルマ"に近いコンセプトを盛りこんだ後継機「RM 002」が早くも同年に発表されている。このモデルに初めて搭載された"ファンクションセレクター"によって、リュウズを引きだすことなく、巻き上げと時刻合わせが可能となったのだ（一部モデルには例外もあり）。RM 002の場合は、F1のホイールを模したリュウズを押し込むプッシュ操作で、巻き芯のポジションが変化する。ダイヤル上に表示されている「W」で巻き上げ、「H」で時刻合わせが可能となり、何も操作しない通常時は「N」を選択しておく。"ニュートラルポジション"を設けていることからもわかるように、操作感覚はクルマのシフトチェンジそのままだ。

　この機構は、巻き芯を大きく露出させない構造のため、防水性と耐衝撃性にも優れている。また女性にとっては、リュウズを引きだす操作でネイルを傷めてしまう心配も少ない。

GREAT! AS A CONCEPTOR ── ★ **25**

超薄型トゥールビヨンにも先鞭をつけた
Tourbillon Extra Flat

　近年、スイス高級時計産業における技術的トレンドのひとつとなっている超薄型トゥールビヨン。振り返ればリシャール・ミルは、この分野でも先駆者的存在であった。そもそもトゥールビヨンは、構造上どうしてもキャリッジの高さを確保しなければならないため、ムーブメント全体の薄型化が困難なジャンルである。しかしリシャール・ミルは、2007年に発表した自動巻き「RM 016」の薄型レクタンギュラーケースに、そのまま手巻きトゥールビヨンを収めてしまった。それが'11年に登場した「RM 017」である。ムーブメントの厚さはわずか4.6mm。ケースの厚さは8.7mmに抑えられている。この手巻きトゥールビヨンも、RM 001などと同様、約70時間のパワーリザーブを持っているにもかかわらず、ケースの厚みはRM 016に対して0.45mmしか増えていないのだ。

　なお、初期のリシャール・ミルは、アラビックインデックスを好んで用いたが、このモデルにはローマンインデックスが採用された。汎用性も極めて高いこのムーブメントは後年アレンジが加えられ、'17年の「RM 17-01」ではトノーケースにも搭載されている。

RM 017 Tourbillon Extra Flat

GREAT! AS A CONCEPTOR ━━━ ★**26**

テクニカルパーソナライゼーションの先駆け
―可変慣性モーメントローター―
Rotor with variable geometry

　自動巻きというのは、意外にも奥が深い機構である。例えば、両方向巻き上げと片方向巻き上げでは、どちらが効率的に優れているのかといった議論は、設計者によって意見がぶつかり、いまだ模範回答にいたっていない。これはつまり、ユーザーの時計の使い方が一様ではないためで、ライフスタイルによってベストな機構も変わってしまうからだ。

　リシャール・ミルが2004年に発表した初の自動巻きモデル「RM 005」には、独自の発想による回答が盛りこまれていた。ユーザーの使用状況に応じてローターのセッティングを変更できる、"可変慣性モーメントローター"である。チタン製のローターフレームに、18KWGで作られたフィンを備え、そのポジションを6段階に変更することで、ローターが生みだす遠心力＝慣性モーメントの大きさを調整できる。デスクワーク中心のライフスタイルで腕を大きく動かさないようなユーザーでも、少ない運動量で大きな回転力を生みだすようにも調整できる。F1マシンがドライバーの好みやテクニックに合わせて細かくセッティングされるように、リシャール・ミルの時計もユーザーに合わせたセッティングが可能。

　RM 005の基本的なメカニズムは、'06年に登場した「RM 010」に、さらに'11年に発表された「RM 029」に受け継がれ、現在もリシャール・ミルのベーシックモデルとして生産が継続中だ。なお'12年に発表された「RM 037」が搭載する、リシャール・ミル初の自社製ムーブメント「Cal.CRMA1」では、ローターフレームがARCAP（ニッケルと銅の合金）製、ローターウェイトが重金属製に変更され、さらに回転軸にはセラミック製ボールベアリングが採用されている。

GREAT! AS A CONCEPTOR ★**27**
機械式で月差±1.1秒に迫った、"超ハイパフォーマンス"への挑戦
Challenge to high performance

　かつて"クロノメーター脱進機"とも呼ばれたデテント脱進機は、船舶用のデッキクロックに搭載され、その超高精度によって航海の安全を担ってきた。しかしデテント脱進機は、姿勢の変化と衝撃に弱く、そのため腕時計への搭載は不可能とされてきた。オーデマ ピゲ社のパトリック・オージロー氏が開発し、APルノー・エ・パピ社のジュリオ・パピ氏らが熟成改良に取り組んだAP脱進機は、デテント脱進機の耐衝撃性を高める試みのなかでは最初期の、そして確実性を伴って製品化されたほぼ唯一の"新型脱進機"だった。

　オーデマ ピゲ社と資本関係にあるリシャール・ミルも、この新技術をいち早く採用。「RM 031 ハイパフォーマンス」に搭載して2012年に発表している。しかも10振動／秒という独自の振動数や、高速回転型ダブルバレル、耐磁性と耐蝕性に優れたARCAP製の地板、20度の押し付け角度を持たせた輪列のプロファイルなど、オリジナルとはまったく異なった設計が盛り込まれていた。

　通常の機械式時計のパフォーマンスは、ミル氏の言に従えば日差-4〜＋14秒程度。クロノメーターの精度を定めるC.O.S.C.の規定でも、15日間の平均日差が-4秒〜＋6秒以内とされている。しかし10本のみが製作されたRM 031は、その精度が月差±7秒にまで高められていた。最後に出荷された1本は、なんと月差±1.1秒を記録したというから、機械式時計としては驚愕すべき超々高精度である。ちなみに、発売当時の価格は1億1400万円。

RM 031 High Performance

GREAT! AS A CONCEPTOR ── ★ **28**

ダイヤル上に華開いた
オンデマンド・アニメーション
On-demand animation

　リシャール・ミルは、初作のRM 001からトゥールビヨンをラインナップの主力に置いてきた。その開発方針は、耐衝撃性の向上や徹底した軽量化（リシャール・ミル氏は、軽いことは最高の機能と述べている）のほか、機械式ムーブメントの新しい表現を常に模索してきたといえる。

　2015年に発表された「RM 19-02 トゥールビヨン フルール」では、ついにオートマタとフライングトゥールビヨンを融合させた。7時位置に設けられたマグノリア（木蓮）の花弁が5分ごとに開き、フライングトゥールビヨンのキャリッジがせりだす。また9時位置のプッシャーを押すことで、任意にオートマタを作動させられる。開発を担ったAPルノー・エ・パピ社では、オートマタの動きを滑らかにするため、アガキ（歯車同士の間に設けられた隙間）が極端に少ない輪列のプロファイルを新規設計。組み立てにおいても、パーツのジオメトリーを損なわない装飾のスキルと、美しい装飾を傷つけない調整のスキルという、まったく異なった両面性が求められた。

RM 19-02 Tourbillon Fleur

GREAT! AS A CONCEPTOR ——— ★ **29**

愛のメッセージを紡ぎだす
デュオプラン・レイアウトの再来

Love letters

　2015年に発表された「RM 69 トゥールビヨン エロティック」は、非常に繊細なエロティック・オートマタだ。

　従来こうした作品は、もっと"視覚的にストレートな表現"を好んだものだが、リシャール・ミルのアプローチはもっと内面的で、その分さらに官能的。ムーブメント面積の約半分を占める独自コンプリケーションが"オラクル"。10時位置のプッシャー操作で、3つのグレード5チタン製のローラーが回転し、ランダムに"愛のメッセージ"を紡ぎだす。8時位置のプッシャーを押すと、メッセージを読みやすいように、時分針の位置を逃がすことも可能。しかしこのコンプリケーションで本当に凄いのは、時計の基本構造のほうだ。"オラクル"のスペースを作るため、トゥールビヨンキャリッジと香箱が同軸に重ねられているのである。アンティークウォッチに造詣の深い愛好家ならば、すぐにジャガー・ルクルトがかつて手がけたデュオプランに思いいたるだろう。現代に蘇ったデュオプラン・レイアウトはトゥールビヨンへと進化し、さらに官能的なオートマタまで備えるにいたったのである。

RM 69 Tourbillon Erotic

GREAT! AS A CONCEPTOR ─── ★ **30**

耐衝撃性向上へのひとつのアプローチ
―衝撃のビジュアライズ―
Rotary G-Sensor

　一般的に〝時計の精度〟といった場合には、時計を静止させた状態で計測した〝静態精度〟を指す。しかし腕時計の場合は、それがウェアラブルなデバイスである以上、あらゆる動きを想定した〝動態精度〟のほうが、はるかに現実に即している。腕時計の耐衝撃性が重要視される理由だ。では実際には、時計にどの程度の衝撃が加わっているのか？
　それをビジュアライズした興味深い試みが、リシャール・ミルの〝Gフォースセンサー〟だ。初出は2013年に発表された「RM 036 トゥールビヨン Gセンサー ジャン・トッド」。その翌年には、プロゴルファーがスイングする瞬間に、時計にどのくらいの重力加速度が加わっているのかを測定できる「RM 38-01 トゥールビヨン Gセンサー バッバ・ワトソン」と、ベゼルの回転でセンサーの向き(加速方向と減速方向)を変更できる「RM 36-01 トゥールビヨン コンペティション ロータリーGセンサー セバスチャン・ローブ」に進化を遂げている。RM 38-01では最大20Gまで、RM 36-01では最大6Gまで計測可能だ。

RM 36-01 Tourbillon Competition G-Sensor Sébastien Loeb

GREAT! AS A CONCEPTOR ★ 31

超軽量を目指した
ラファエル・ナダルの〝セカンドスキン〟

The lightest tourbillon

　〝高級時計は適度な重量感を持つべき〟という絶対的な価値観まで破壊した〝超軽量なオートオルロジュリー〟。その最先端を走るのが、ラファエル・ナダル自身が〝第2の肌〟と呼ぶ通称ナダルモデルだ。トゥールビヨン搭載の「RM 027シリーズ」と、手巻きまたは自動巻きの3針モデルである「RM 035シリーズ」の2系統で進化を遂げてきた。

　まず第1世代となるのが、カーボンコンポジットやアルミ系の軽合金を使ったモデル群。初代ナダルモデルとなる「RM 027」(時計本体の重量13g／2010年)や、クロノフィアブルを取得した「RM 035」('11年)がこれにあたる。リリースが1年空いて、'13年に登場した「RM 27-01」(時計本体の重量12g)では、グレーカラーのカーボンコンポジット材を採用し、トゥールビヨンムーブメントも意欲的なケーブル支持に変わった。直径0.35mmの鋼鉄ケーブルを支持するケース四隅の滑車とテンショナーによって、ムーブメントはケース内にフローティングマウントされているのだ。この手法は軽量化を推し進めると同時に、ムーブメント自体の耐衝撃性も高めている。

　カーボンコンポジット自体にデザイン性を盛りこむ試みは、この第2世代あたりから加速し、第3世代の「RM 35-01」('14年)ではカーボンTPT™を採用。第4世代となる'15年の「RM 27-02」以降は、クオーツTPT™が積極的に使われ、'16年の「RM 35-02」では色鮮やかなレッドカラーも実現された。

RM 27-01 Tourbillon Rafael Nadal

GREAT! AS A CONCEPTOR ——★ **32**

ムーブメントにペイントを施す"最悪の挑戦"
"The worst challenge"

「最悪どころではなかった！ 私たちは信じられないような課題に取り組まねばならなかったんだ！」。これまでも高級時計産業の常識では計れないようなコンセプトを実現させてきたリシャール・ミル氏をして、ここまでのコメントを吐きださせたモデル。それが2016年に発表された「RM 68-01 トゥールビヨン シリル・コンゴ」だ。あるきっかけで、ストリートで活躍するベトナム系フランス人のグラフィティアーティスト、シリル・コンゴと知遇を得たミル氏は、幾多の困難を克服してきた彼のスタイルに共感し、「100％オーセンティックなクリエイションを作る」ことを決めた。つまり、ムーブメントパーツにグラフィティペイントを施すことである。

そのペイントは、地板や受けのみならず、歯車にも及んでいる。機械的なバランスを損なわないペイント法や、組み立て時に使うオイルや、オーバーホール時の洗浄にも耐える塗料の開発など、"困難の克服"には約1年を要したという。このモデルを語る彼らの口ぶりからは、深刻さは感じ取れない。しかし、クリエイティヴな作業とは、極めてシリアスな挑戦の積み重ねに他ならないのだ。

RM 68-01 Tourbillon Cyril Kongo

GREAT! AS A CONCEPTOR ── ★ **33**

カーボンコンポジットへのジェムセッティング
Gem setting on a carbon composite

RM 07-01 Ladies Carbon TPT™ Gem-Set

2017年にお披露目されたリシャール・ミルの新しい挑戦のひとつは、うっかりするとその"凄さ"を見逃してしまうほど、自然な仕上がりを持っていた。リシャール・ミルは、カーボンTPT™製のベゼルに、ラウンドブリリアントダイヤモンドのジェムセッティングを施したのである。カーボンコンポジットの硬さや、素材としての粘りのなさを考えれば、最も基本的なグレインセッティングすら困難なことは明白だ。通常ならば、地金に下穴を空け、周囲の地金から爪を彫りだして石を留める。しかし、硬いが粘りのないカーボン素材では、爪を彫りだすことはできても、それを叩いて石留めすることは不可能だ。そのため「RM 037 カーボンTPT™ ジェムセット」や「RM 07-01 レディス カーボンTPT™ ジェムセット」では、カーボン地に"レール"を彫りこみ、下穴の周囲にゴールド製のピンを立ててダイヤモンドを留めている。現状、この手法が使えるのはラウンドダイヤモンドを留めるグレインセッティングのみだが、それでも業界初の試みであることは間違いない。

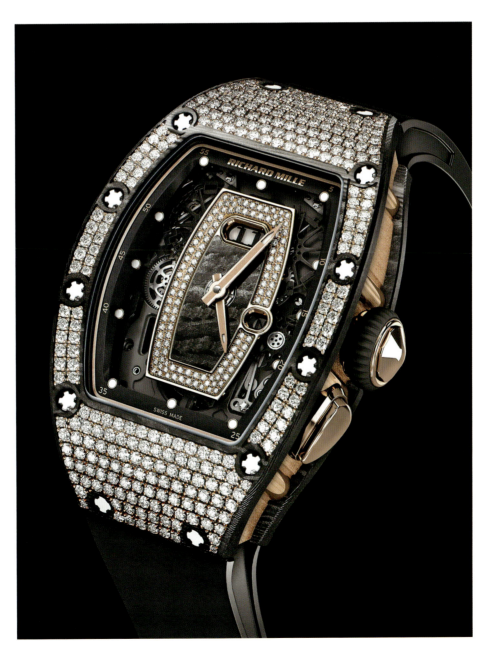

RM 037 Carbon TPT™ Gem-Set

RM 50-03 Tourbillon Split Seconds Chronograph Ultralight Mclaren F1

GREAT! AS A CONCEPTOR ──★ 34

最軽量の先進ケースは
ナノテクの時代へ

Super advanced technology called "Graph TPT™"

　2017年にリシャール・ミルが発表した"世界最軽量のメカニカルクロノグラフ"が「RM 50-03 トゥールビヨン スプリットセコンド クロノグラフ ウルトラライト マクラーレン F1」である。ストラップを含む総重量40g、ムーブメント単体重量7gという驚異的なスペックを達成できた理由は、ベゼル、ミドルケースとケースバックにカーボンTPT™の製法を応用した新素材「グラフTPT™」を採用したことが大きい。蜂の巣のような六角形の格子構造を持つ炭素原子の極薄シート「グラフェン」は、その理論的な特性が半導体分野などから注目されながらも、現状では有用な工業化の道筋すら立っていない超最先

端のマテリアル。"真2次元物質"とも呼ばれるとおり、シート単体の厚さは炭素原子1個分の直径（約1nm＝約0.000001mm）と同等で、平面方向の共有結合が強いため、しなやかで強靭な特性を持つ。

'04年にこの物質を初めて特定した英マンチェスター大学（現同大学内国立グラフェン研究所）と、マクラーレン・アプライド・テクノロジー社によって進められてきた基礎研究をもとに、カーボンTPT™の製法を応用してグラフTPT™は完成した。厚さ約30μm（＝約0.003mm）のカーボン繊維を600枚以上積層してゆく過程で、その繊維の1枚1枚にグラフェン入りの樹脂を浸透させることで、積層材としての工業化に成功。グラフTPT™をマシンの一部に採用するF1コンストラクター、マクラーレン・ホンダとのパートナーシップを提携したことで、リシャール・ミルは時計産業に初めてこの素材を持ちこんだ。

カーボンTPT™のバインダーにグラフェンを混入するメリットは、素材としての強度が上がり、密度が下がること。反面、多孔質という素材自体の特性は、組み立てに細心の注意が必要になった。ムーブメントの地板や受けは、従来のカーボンTPT™やチタンで作られるが、効果的なスケルトナイズを施すことで、軽量化に貢献。またストラップにも、グラフェンを混入したラバー素材が採用される。

GREAT! AS A CONCEPTOR ── ★ 35
重大な意志決定の前に、正確な10秒間の熟考を
The Fountain Pen

　リシャール・ミルが2016年に発表した〝自社開発ムーブメント〟は、なんと腕時計に搭載するためのものではなかった。「RMS 05 The Fountain Pen（機械式万年筆）」が搭載するバゲット型ムーブメントは、リシャール・ミルの自社設計・開発によるもので、開発期間は約4年。チタン製の地板と専用の香箱、アンクル脱進機、ストライキングウォッチと同様のガバナーを備えたメカニズムを持つ。カーボンTPT™とチタンで作られたケース最後部のプッシャーを押すと、約10秒間をかけて、18KWG製のペン先が現れる。リシャール・ミルの自社工房「オロメトリー」でムーブメント開発を担うサルヴァドール・アルボナ氏はこう語る。
「重要なのは、ペン先が現れるまでの、このわずかな時間です。この特別な万年筆は、特別な場面でこそ使ってほしい。例えば、非常に重要なプロジェクトの契約などです。サインをする直前の最後の10秒間、ペン先が現れるまでにもう一度熟考するための時間を、私たちは創ったのです」

RM 07-02 Pink Lady Sapphire

GREAT! AS A CONCEPTOR ———★ **36**

すべてが透明という最大級のインパクト
―100％サファイアクリスタル＆
100％ピンクサファイア製ケース―
100% Sapphire crystal watches

リシャール・ミルが100％サファイアクリスタル製のケースを持つ「RM 056 トゥールビヨン スプリットセコンド コンペティション クロノグラフ フェリッペ・マッサ サファイア」を発表したのは2012年のこと。翌年には、地板、受けの一部、4番車までサファイアクリスタル製に変更した「RM 56-01 トゥールビヨン サファイア」に進化。さらに'14年には、香箱受けとキャリッジ受けまでサファイアクリスタル製とし、ケーブルサスペンションシステムでムーブメントを保持した「RM 56-02 トゥールビヨン サファイア」が発表されている。

1800ビッカースという高い硬度のサファイアクリスタル素材は、一般的には"ダイヤモンドに次ぐ硬さ"といわれ、精密加工はほとんど不可能とされてきた。過去にもサファイアクリスタル製のケース自体は存在したが、それは円柱状のシリンダーケースであり、リシャール・ミルほど複雑なケース形状（同社の場合はリュウズやプッシャーまですべて）を、サファイアクリスタルで製造しようという試みは皆無だったといえる。

RM 056以来、ケース製造を担当してきたステットラー社によれば、ノウハウが十分に蓄積されたRM 56-02の場合でも、切削に約430時間、研磨に約350時間が必要とされ、ケース全体の製造には約40日間を要するという。また、リシャール・ミルが"ブルー・オーシャン"と呼んで、新たな成長分野と捉えるレディスウォッチのカテゴリーには、100％ピンクサファイアクリスタルを採用した「RM 07-02 オートマティック ピンク レディ サファイア」を投入。製造の初期段階で酸化チタンと酸化アルミニウムを混ぜて発色させることで、均一なピンク色を実現した。

RM 07-02 Pink Lady Sapphire

RM 056 Tourbillon Split Seconds Competition Chronograph FM Sapphire

RM 009 Tourbillon Felipe Massa

GREAT! AS A CONCEPTOR ──── ★ **37**

先進的研究開発と超軽量ケースの原点
―アルシック―
Case in ALUSIC

　リシャール・ミルが最初の"超軽量トゥールビヨン"というコンセプトを打ちだしたのは、2004年に発表された「RM 006」。地板には初めてカーボンナノファイバーが採用され、同時に既存の「RM 002」も、カーボンナノファイバー製の地板に換装した「RM 002 V2」が発表されている（GMT表示を備えたRM 003は'05年に、スプリットセコンドクロノグラフ付きのRM 004とRM 008は'09年に、それぞれV2が追加された）。超軽量トゥールビヨンというコンセプトを下敷きとした、リシャール・ミルらしい先鋭的な研究開発は、RM 006の直接的な後継機となった、'05年の「RM 009 トゥールビヨン」でいよいよ大きく開花することになる。地板の素材はアルミニウム-リチウム合金製。ケースに使用されたアルシックは、質量がチタンの約60％という超軽量合金である。この時点でリシャール・ミルは、メタル素材を用いながら、ケース単体重量30g以下（約28g）を達成することに。人工衛星など特殊な分野にしか使われてこなかったこの合金にリシャール・ミルが目を向けたのは、リシャール・ミル氏がかつてマトラ社に籍を置いていたことと関連がある。レーシングカーから兵器までを製造するマトラ社と同様、RM 009のケースもまた、"秘密の兵器工場"で生産されたもの。

　初期リシャール・ミルの象徴的なパートナー（同社では共同開発者というスタンスをとる）として知られたF1ドライバー、フェリペ・マッサの参加。初の自動巻きモデル「RM 005」の発表。そして先進的な研究開発を世に問うた「RM 009」の衝撃的なデビュー。これらはすべて'05年に起こった出来事である。リシャール・ミルの大躍進は、まさにこの年から加速度を増していった。

RM 018 Tourbillon Hommage á Boucheron

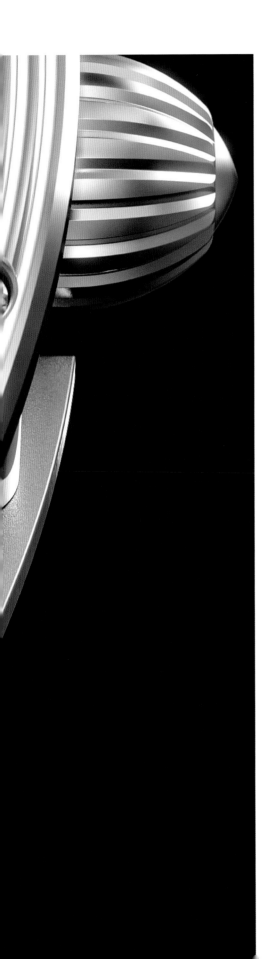

GREAT! AS A CONCEPTOR ───── ★ **38**

ムーブメントパーツに
貴石を埋めこむ
前代未聞のコンセプトワーク
Hommage á Boucheron

　リシャール・ミルの初期作品の中で、非常に難産だったとして知られるモデルが、"オマージュ・ア・ブシュロン"と呼ばれた「RM 018」である。パリ・グランサンクのひとつに数えられる高級宝飾店、ブシュロンの創業150周年に際し、2008年に共同発表されたこのモデルは、発表から完成までに3年の歳月を要した。完成したRM 018がお披露目されたのは、'10年のSIHH（ジュネーブサロン）。通常、宝飾店とのコラボレーションピースならば、ケースを美しく飾るのがセオリーだ。しかしRM 018のケースには、ブシュロンの象徴であるゴドロンが刻まれるのみ。ハイジュエラーとしてのアイデンティティは、ムーブメントの中に封じこめられている。合成サファイア製の地板の上に、貴石・半貴石をスライスした歯車を並べたのである。とはいえ、貴石を直接ホブカッター（歯を刻む工作機械）にかけることは不可能なため、歯車として加工された金属製のフレームに、貴石を象嵌させるという手法を採った。
　あまりに破天荒すぎるコンセプトだったのか、歯車としての精度と、宝飾品としての美しさを両立させるために、開発熟成に要した期間は、前述のとおり足かけ3年にも及んでいる。タイガーアイやローズクオーツ、ブラックオニキスなど、ブシュロン側が用意した貴石・半貴石は全19種類。RM 018は30本が製作されたが、貴石・半貴石の組み合わせが異なるため、そのすべてがユニークピース扱いとなっている。

GREAT! AS A CONCEPTOR ── ★ **39**

さまざまに応用される
最先端のベーシックテクノロジー

―カーボンTPT™―

Carbon TPT™

　近年のリシャール・ミルが、カーボンベースのケース素材としてさまざまに応用している基礎技術が、"カーボンTPT™"である。スイス・ローザンヌ近郊に居を構えるNTPT社（North Thin Ply Technology SA）が手がけるこの鍛造カーボン素材は、当初はレーシングヨットのマストのために開発されたが、軽量さと耐久性のバランスから、F1や航空産業でも需要を伸ばした。

　カーボンファイバーから分離された繊維を並列に配した後、そこから約45度の角度をつけてカーボン繊維の"横糸"を織りこむ。これに樹脂を浸透させた1層の厚みは約30ミクロンにも満たない。この繊維層を重ねて、鍛造カーボンと同様に6バールと加圧と、約120℃の熱処理を加えたものが、カーボンTPT™となる。時計のケースとして成型し、切削加工を加えると、カーボンの繊維層が表面に現れてくる。カーボン繊維をランダムに金型に詰める従来のフォージド・カーボンと異なり、ある程度の規則性を持ったカーボン層が切削されることで、ダマスカス鋼に似た"目"が現れるのだ。これが独特な風合いを生みだすのである。

　なおカーボンTPT™は、従来の主要な複合素材に対し、被破壊率で約25％、微小亀裂の発生率では約200％優れた特性を示す。ケースへの加工は、リシャール・ミル自社のケース工房、プロアート・プロトタイプスで行われている。

RM 029 Japan Blue

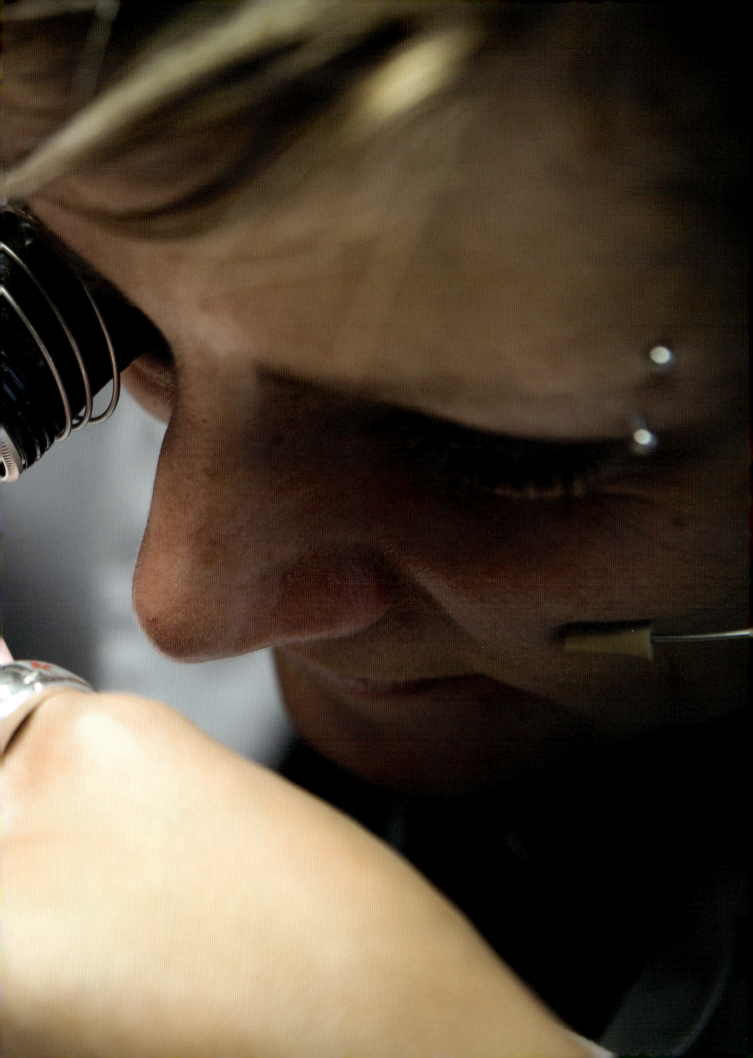

GREAT! AS A CONCEPTOR ★ 40

カーボンTPT™の技術を下敷きとした
デザイン性の発露
―クオーツTPT™―

Quartz TPT™

　スイスのNTPT社が開発した"カーボンTPT™"は、2014年にRM 011シリーズのケース素材として初採用されて以降、さまざまなモデルに採り入れられてきた。さらにリシャール・ミルは、カーボンTPT™の基礎技術を応用して、新素材の共同開発を次々と成し遂げている。その端緒となったのは、翌'15年に登場した"クオーツTPT™"だ。カーボンTPT™に用いるカーボン繊維と同様に、まず並列に配したクオーツファイバーに45度の角度をつけて"横糸"を織りこんだ後、樹脂を浸透させたものを積層してゆく。加圧焼成時のバインダーとなる樹脂に、紫外線にも劣化しにくい白いレジンをNTPT社では新規開発している。クオーツTPT™が初採用された「RM 27-02 トゥールビヨン ラファエル・ナダル」の白いベゼルとケースバックが独特な白い色味を持つのはこのためだ。

　また翌'16年の「RM 35-02 オートマティック ラファエル・ナダル」では、REACH（化学物質登録許可規則）に応じて開発されたレッドクオーツTPT™を採用。大胆な赤と白のコントラストを実現させたほか、ミドルケースまですべてクオーツTPT™を盛りこんでいる。また、ベゼル表面に現れる"目の幅"をコントロールするため、ベゼル用とミドルケース用では、母材の曲率を変えて加圧焼成を加えている。

RM 27-02 Tourbillon Rafael Nadal

GREAT! AS A CONCEPTOR ──★ 41

剛性と軽さを高い次元で融合させた モノコック構造の カーボンTPT™製ミドルケース

Middle case made by carbon TPT™

　リシャール・ミルのプロダクトは、初作の「RM 001」からすべて、ケースとムーブメントが同時に開発されてきた。すでに自社開発ムーブメントを完成させているリシャール・ミルが、今日まで"汎用ムーブメント"という概念を持たず、すべてが専用設計されてきたゆえんである。ケースとムーブメントの同時開発。このアプローチを究極まで突き詰めた到達点が、2015年発表の「RM 27-02 トゥールビヨン ラファエル・ナダル」のミドルケースだろう。

　カーボンTPT™を素材に用いたRM 27-02のミドルケースは、ムーブメントの地板まで、一体で削りだしているのである。このため地板の強度は、大幅なスケルトナイズが施されているにもかかわらず、大きく向上している。ミドルケースと一体成形された"フレーム"と呼びたくなるほど大胆な地板のスケルトナイズは、ダイヤル側から見た場合に、ケースバックに用いられたカーボン系複合材料"クオーツTPT™"の目がハッキリとわかるほどだ。こうした設計が、RM 27-02の驚異的な軽さを生み出していることは、改めて説明するまでもない。

　しかし、これがリシャール・ミルにとって"斬新な試み"だったかといえば、決してそうではないだろう。外装と内部構造の垣根を取り払い、すべてを同時に専用設計するというアプローチは、RM 001から踏襲されてきた、リシャール・ミルの根幹を成す手法なのである。RM 27-02もまた、その"正常進化版"に他ならないのだから。

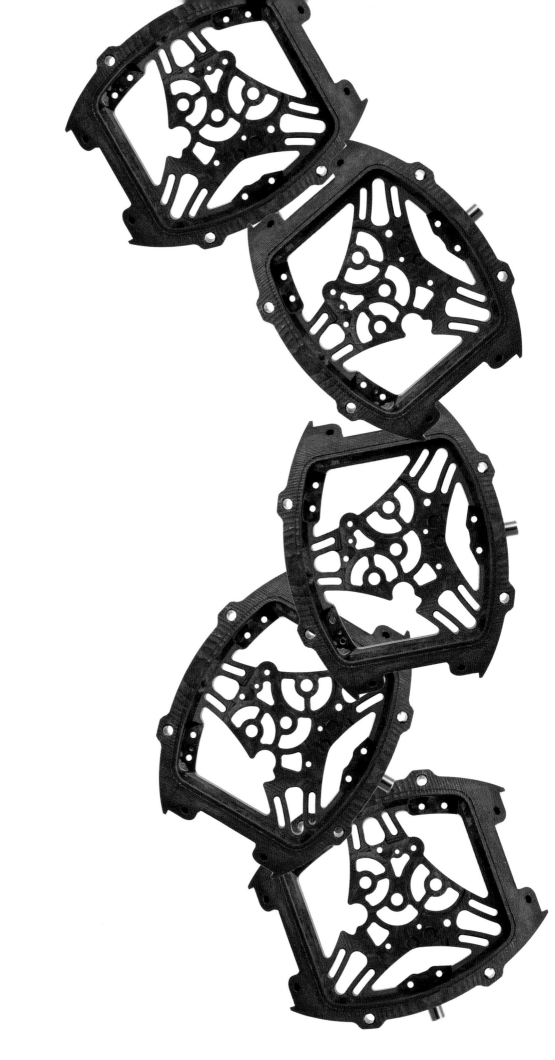

私が見た リシャール・ミルが 凄すぎるところ 3

クロノス日本版編集長
広田雅将氏

時計をわかっている人が作る だからこそ時計好きは魅了される

筆者は古典的な時計の信奉者であり、リシャール・ミルのトゥールビヨンが出た当初は、まったく興味を持てなかった。それと、トゥールビヨンとは精度を出しにくく、しかも壊れやすい機構と思っていたので、「腕時計のF1」というコンセプトにも懐疑的だった。率直に言うと、筆者は当時、これを外部からムーブメントを買って複雑時計に仕立てた安易なコンプリケーションのひとつ、と考えていた。2000年初頭、サプライヤー製のトゥールビヨンを載せた複雑時計はブームであり、リシャール・ミルをその筆頭と見なした人は少なくなかったのである。最右翼は筆者だった。

ただリシャール・ミル氏と話す機会を得て、筆者は脱帽した。彼は時計師ではないし、デザイナーでもなかったが、とにかく時計に詳しかったのである。普通、時計メーカーのCEOは時計の説明をする必要がないし、できない。彼らの専門は会計やマーケティングでありプロダクトではない。製品を作りたかったら、プロダクトマネージャーに指示を出せばいいのであって、基本的にはそれが時計メーカーCEOの仕事だ。そういうカルチャーにあって、プロダクトの詳細を語るミル氏は、まったく異質だったのである。しかも彼は、とにかく細部にやかましかった。それこそ、生半可なプロダクトマネージャー以上に、である。

'07年の「RM 012」は、地板ではなく、パイ

プでムーブメントの構成部品を支えるという初の試みだった。ムーブメントを製造したのは、ルノー・エ・パピ社。この世界初の試みを成功させるべく、パピ社は総力を結集し、ようやくRM012用のムーブメントを作り上げた。パピ社のスタッフが完成祝いのパーティを開いていたところ、ミル氏から電話がかかってきたという。曰く「写真を見たが、パイプが太いから作り直してほしい」。納期が遅れますが、とパピ社の人間が答えたところ、納期も金額も関係ない、納得できないからやり直せとミル氏は語ったそうだ。安易なコンプリケーションを作ってきた新興メーカーが没落するなか、リシャール・ミルだけが成長したのも納得ではないか。

Mr. Masayuki Hirota

　今も昔もリシャール・ミルの時計は極めて高価だ。昔は値段の理由をよく聞かれたが、今は納得できなくもない。基本的にトゥールビヨンは精度が出しにくく、壊れやすいが、リシャール・ミルは数少ない例外のひとつである。そもそもまともに動かないトゥールビヨンをきちんと作りこみ、そこに独自性を加え、しかも気に入らないからといって頻繁に作り直させれば、価格は途方もなくなるだろう。
　リシャール・ミルが成功したのは、マーケティングが巧みだからでも、富裕層のステータスシンボルになったからでもない。時計をわかっている人が自分の理想を追求した時計を作り続ければ、自ずと時計好きは魅せられるからだろう。

ALL ABOUT RICHARD MILLE

TOO GREAT! MANUFACTURE

マニュファクチュールが凄すぎる

TOO GREAT! MANUFACTURE ★ **42**

ステップ・バイ・ステップの躍進
―ファブレスからリアルへ―

Step by step

　1994年からモーブッサンのウォッチグループ、及びジュエリーグループのCEOを務めてきたリシャール・ミル氏が、自ら理想とするウォッチメイキングを実現するため、2001年に設立されたリシャール・ミル。その初期段階における同社は、スイス高級時計産業の中でも特異な存在だった。スイス時計産業の大半を占めるエタブリスール（汎用品のエボーシュを自社銘でケーシングするメーカー）でもなく、自社でムーブメントまで一括して開発・生産を行うマニュファクチュールでもない。強いていえばマニュファクチュール・デジネー（ミル氏から指定されたマニュファクチュール／指定工場の意味）、もしくはファブレス・マニュファクチュール（生産設備を持たないマニュファクチュールの意味）とでも呼ぶべき存在だった。初期のリシャール・ミルは、独自のコンセプトに基づいて設計された詳細なデータを指定し、信頼の置けるサプライヤーに生産のいっさいを委託してきた。この意味では、希代のコンセプター、リシャール・ミルの躍進を支えたのは、有能なサプライヤーたちであった。

　しかしミル氏のコンセプトと、求められる品質が先鋭の度を増してゆくにつれ、外部委託では厳格なクオリティコントロールに限界が見え始めてきた。リシャール・ミルは、共同設立者であるドミニク・ゲナ氏とともに、2001年に設立された「オロメトリー」での内製化を進めた。'13年には特殊素材のケースやムーブメントパーツの製作を担う「プロアート・プロトタイプス」を立ち上げ、少しずつ自社での生産比率を拡大。ついにはオロメトリーで自社製ムーブメントの開発・生産にも成功し、文字どおりのリアル・マニュファクチュールへと成長を遂げたのである。

TOO GREAT! MANUFACTURE ────★ **43**

リシャール・ミルを支えた有能なサプライヤーたち
―ムーブメント編―
Great suppliers

　設立当初のリシャール・ミルを支えたムーブメントサプライヤーは、主に3社あった。初作「RM 001」から、トゥールビヨンに限って言えば、全機の製造を手がけてきたル・ロックルのAPルノー・エ・パピ社。可変慣性モーメントローターを備えた自動巻きムーブメントの製造を担ったフルリエのヴォーシェ・マニュファクチュール・フルリエ社。そして主に、レディス向けの自動巻きムーブメントを担当したトラメランのソプロード社である。いずれも単なる部品納入業者という立場ではなく、ムーブメントの共同開発者として、リシャール・ミル氏のコンセプトに基づいた独自機構の実現に尽力してきた、超一流のバックヤードビルダーだ。

　現在のラインナップでは、ソプロード製のレディス向けムーブメントは、自社製のCal.CRMA1やCal.CRMA2に置き換わっているが、APルノー・エ・パピ社や、ヴォーシェ・マニュファクチュール社との蜜月は継続中だ。

TOO GREAT! MANUFACTURE ★ 44

成功の功労者／ジュリオ・パピ
Mr. Giulio Papi

　リシャール・ミルが大きな成功を収めた一因として、APルノー・エ・パピ社が手がけたトゥールビヨンを挙げる人は少なくない。リシャール・ミルの創業時には、さまざまなムーブメントメーカーがトゥールビヨンを設計・製造し、各社に供給していた。しかし仕上げと耐久性を両立させたメーカーは、APルノー・エ・パピ社以外にはなかったのである。

　そのキーマンとなったのが、ジュリオ・パピ氏である。オーデマ ピゲ社出身の彼は、超複雑時計の設計・製造を得意としていたが、やがてIWCやA.ランゲ&ゾーネとのコラボレーションを通じて、大手メーカーの品質管理技術も体得することになる。古典的な技術と、現代的なクオリティコントロールの手法を学んだパピ氏は、リシャール・ミル氏がモーブッサンを率いていた時代から親交があった。ミル氏が彼に、RM 001以降すべてのトゥールビヨンの開発を依頼したのは自然な流れだったのだ。

　なおパピ氏自身は、"新素材"の積極的な導入には懐疑的な立場をとる時計師である。先鋭的なミル氏のコンセプトを全力で実現させようとする裏で、石橋を叩くような"検証作業"を繰り返してきたのもパピ氏であった。ミル氏のコンセプトワークが、パピ氏自身に大きな名声をもたらしたことは事実だろう。しかしパピ氏の存在を欠いて、リシャール・ミルもまた存在し得なかったことも、一方の事実である。

TOO GREAT! MANUFACTURE ── ★ **45**

自社製ムーブメントの完成
In-house movements

　スイス・ジュラ地方の小さな町、レ・ブルルーに設立されたリシャール・ミルの自社工房「オロメトリー」で独自開発されたムーブメントがお披露目されたのは、2012年のSIHHだった。「CRMA1」と名づけられた初の自社製ムーブメントは、グレード5チタン製の地板をスケルトナイズし、ファンクションセレクターや、新型の可変慣性モーメントローターなどを備えた、リシャール・ミルらしい文脈に沿った設計が盛りこまれていた。

　特筆すべきは、特許を取得したリュウズのメカニズムである。リュウズ操作によってコントロールされる巻き芯は、通常ケースを通してムーブメント内部まで貫通する構造を持っている。このためリュウズにダメージを受けた場合、その衝撃はダイレクトにムーブメント本体に伝わってしまった。CRMA1では、リュウズ本体をケースと一体化し、丸穴車と角穴車の間に強固なクラッチを設けたことで、ムーブメントのセキュリティを増している。リシャール・ミル製ムーブメントのラインナップは、CRMA1をベースにラウンドシェイプに改め、さらにワールドタイマーを追加した「CRMA3」、女性用に巻き上げ効率を高めた「CRMA2」など、用途に応じた新規開発と拡張が続いている。

TOO GREAT! MANUFACTURE ── ★ **46**

発想の翼は"腕時計"の枠を超えて

Masterpieces

　2010年の「RM 020 トゥールビヨン ポケットウォッチ」で、"腕時計以外"のプロダクトにも創造の翼を広げていったリシャール・ミル。しかし、この懐中時計の発表に先立つ'08年、同社は歴史に残るユニークピースをふたつも手がけている。ひとつは巨大なクロック上に"星の物語"を紡ぎだした「プラネタリウム・テルリウム」。科学技術史上の遺産とも呼べるこの天体時計（＝立体プラネタリウム）は1993年に、当時ルノー・エ・パピ社に所属していたロベール・グルーベル氏とステファン・フォーシィ氏のふたりが"腕試し"として基礎設計したもの。2003年にコンプリタイム（グルーベル・フォーシィの母体）を設立して独立時計師となったふたりは、リシャール・ミル氏からこの時計の製作依頼を受けている。特許を含む設計図とプロトタイプ、そしてパーツ類のすべてを、たった1台のユニークピースを製作するためだけにすべて買い上げたというからミル氏の惚れこみようが伝わってくる。リシャール・ミル銘での製作に当たっては、同じく独立時計師のクリスチャン・エティエンヌ氏が調整を手がけている。

　'08年に発表されたもう1台のマスターピースは、永久カレンダーを備えたデュアルタイムのグランドファーザークロックである。「l'Horloge Porte-Bonheur E（幸運の時計）」と名づけられたこのモデルは、カナダで唯一フランス語を公用語とする都市、ケベックシティの入植400周年を祝うために、友好都市であるスイス・ジュラ州から送られたもの。こちらの製作では、オロメトリーのムーブメント開発責任者であるサルヴァドール・アルボナ氏が陣頭に立った。オロメトリーでのテストに約6ヵ月、ケベックに運んでからの組み立て・調整でさらに約6ヵ月（3952時間）もの時間が費やされている。リシャール・ミルが手がけた"腕時計以外のプロダクト"は、'13年の機械式カフリンクスを経て、'16年の「RMS 05 The Fountain Pen（機械式万年筆）」につながっていった。

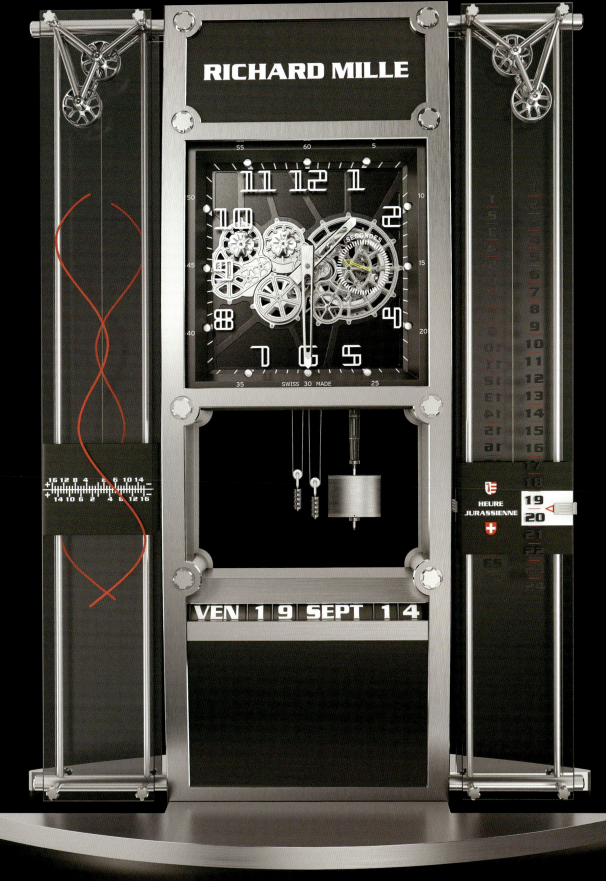

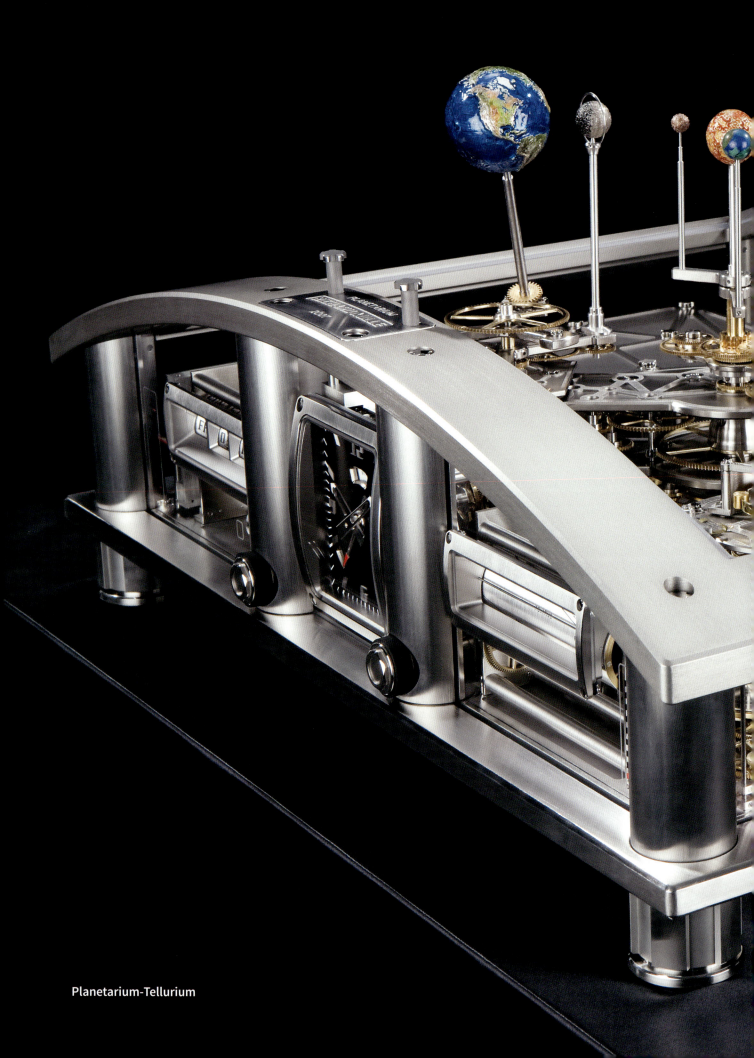

Planetarium-Tellurium

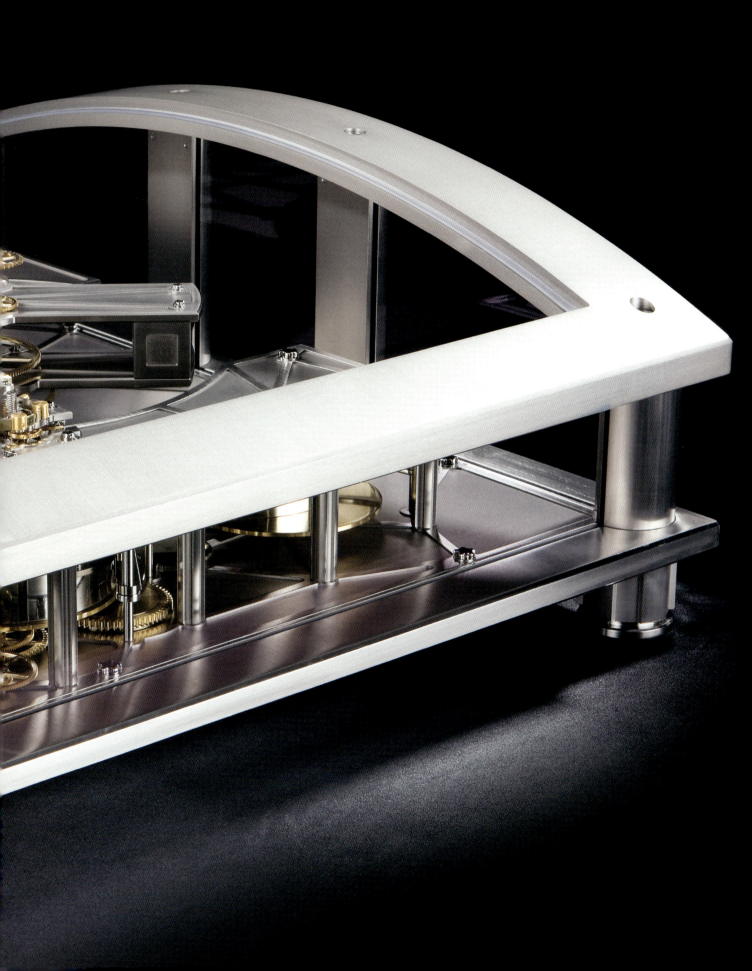

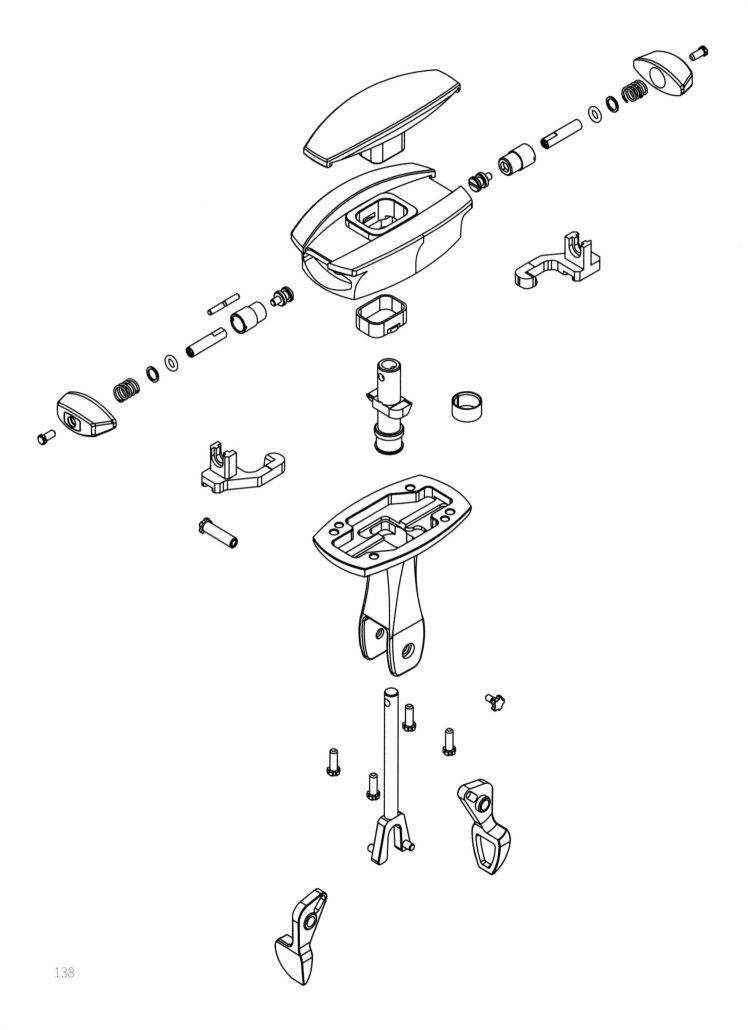

TOO GREAT! MANUFACTURE ★ 47

何でも削る、ガンガン削る
―超難切削材に挑む自社ケース工房―
Case making

　設立当初のリシャール・ミルは、ダイヤルという概念を排してムーブメントそれ自体をビジュアル要素とすることで、他にはない個性を確立させてきた。しかし近年は、F1や航空宇宙産業から技術を援用した新素材のケースがキービジュアルとなることも多い。だがこうした新素材は、その多くが超難切削材であるばかりか、加工方法自体が確立されていないことがほとんどだ。素材を開発したエンジニアたちは、それがラグジュアリーウォッチのケースに使われることなど想定していないのだから当然である。

　こうした特殊素材のケース製造を担う、リシャール・ミルの新しい製造拠点が「プロアート・プロトタイプス」だ。その名が示すとおり、小規模生産を得意としてきた独立系のサプライヤーを、オロメトリー代表のドミニク・ゲナ氏が拡大。2013年にリシャール・ミル専任のケース工房として稼働を始めた。

年産約3000個（リシャール・ミルの年産数と同数）というキャパシティは、ケースサプライヤーとしては大きなものではないが、その分、このファクトリーの特殊性が浮き彫りになってくる。切削加工に特化した工作機械（CNCフライスなど）はかけ値なしの最新鋭で、例えば5軸CNCのスピンドルは、一般的な4万rpm（1分間に4万回転）ではなく、超高速型の5万rpmを使う。取り扱う材料が超難切削材ばかりのため、ノウハウも独特だ。例えば硬いカーボンやチタンを削りだす場合は、まるで滝のようにオイルを吹きつける。切削過程に発生するダストを洗い流しつつ、超高速回転するツールやワークの温度を少しでも下げることが目的だ。チタンやカーボンTPT™、またここでしか取り扱わない特殊素材の加工は、まだ切削ノウハウが確立されていないため、切削パスを生成するなどの事前調整には、膨大な時間がかけられる。

TOO GREAT! MANUFACTURE ── ★48

完全マニュファクチュールに
こだわらない
"最適化"の姿勢

Posture of the "optimization"

　自社工房「オロメトリー」で開発された自社製ムーブメント「CRMA1」の完成をもって、"リアルマニュファクチュール"となったリシャール・ミル。

　しかし前述のように、APルノー・エ・パピ社やヴォーシェ・マニュファクチュール・フルリエ社との蜜月も継続中だ。これは段階的な措置ではなく、おそらく今後も継承されてゆくはずだ。なぜならリシャール・ミルにとっての"マニュファクチュール化"とは、手段であって目的ではないからだ。自社内に開発部門や生産部門を持つことは、リシャール・ミルの可能性を大きく広げることになったが、そこにこだわりすぎれば、逆に"先進的なコンセプトワーク"という本質的な部分の枷にもなってしまう。幾多の共同開発を経て、そのことを知悉するリシャール・ミル氏は、製品の完全内製化に固執していない。あらゆる研究機関やサプライヤーとのパートナーシップこそ、先進的な製品開発のための最適な手段であり、一部製品の内製化もまた、最適化の手法のひとつに過ぎないからだ。

　希代のコンセプター、リシャール・ミル。その基本的な姿勢は、マニュファクチュール化を成し遂げた現在も、いささかも揺らぐことはない。

TOO GREAT! MANUFACTURE ──*49

リシャール・ミルを支えた有能な サプライヤーたち②
―外装と新素材編―
Great suppliers

　ケースメイキングの分野で、初期リシャール・ミルの成功を支えたサプライヤーは、ドンツェ・ボーム社だった。しかし急速に拡大してゆく需要に対し、同社のキャパシティは次第に追いつかなくなり、リシャール・ミルのような、特殊なケースを極少量生産するような事例には対応が難しくなっていったのも事実である。

　リシャール・ミルでは、チタンやカーボンファイバーといった素材の特殊加工を、2013年に設立した自社工房、プロアート・プロトタイプスに移管。現在では、ほぼ全数の切削加工が、自社工房で賄（まかな）われている。

　一方、素材自体の研究開発には、多くのサプライヤーが携わっている。近年での例では、カーボンTPT™やクオーツTPT™を開発したローザンヌのNTPT社などが有名だ。また、プロアート・プロトタイプスの卓抜した技量を持ってしても、切削できない特殊素材もある。例えば100%サファイアクリスタルケースは、同素材の専門サプライヤーであるステットラー社に、特殊切削のための工作機械を導入させて共同開発に取り組んだ。ケース1個の切削と研磨に延べ40日間を要するというサファイアクリスタルケースは、現在もすべてステットラー社で製造されている。

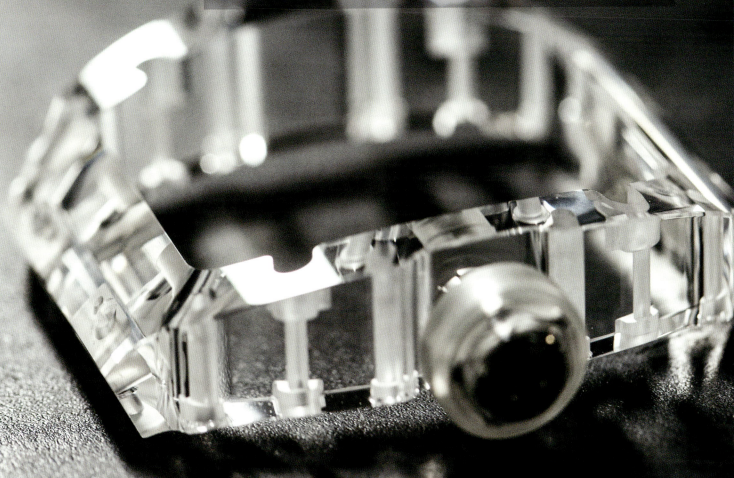

TOO GREAT! MANUFACTURE ── ★ 50

成功の功労者／ドミニク・ゲナ

Mr. Dominique Guenat

　すべてのリシャール・ミルのケースバックには、「V」の刻印がある。これはリシャール・ミルのウォッチメイキングを最初期から支えてきた、モントレ・ヴァルジン社の頭文字である。長年同社を牽引してきたのが、リシャール・ミル共同設立者のひとりであるドミニク・ゲナ氏。100年を超える歴史を持つヴァルジン社の創業家に生まれた彼は、リシャール・ミル氏の盟友であり、2001年にはヴァルジン社に併設する形で、リシャール・ミルの自社ファクトリー「オロメトリー」を設立。

　さらに職人が切り盛りしていた極少生産のケース工房を拡大し、'13年には「プロアート・プロトタイプス」としてリシャール・ミル専用の特殊工房に育て上げている。そんなゲナ氏の強みは、長年プライベートブランドの時計やケース製造に携わってきたことだ。つまりリシャール・ミルのような、少量多品種の生産に長けていたのである。

　また彼の品質管理に関する非凡なノウハウと、サプライヤーとの強いつながりは、創業間もないリシャール・ミルに新興メーカーらしからぬ優れた品質をもたらした。メディアには滅多に顔を出さないゲナ氏だが、あらゆる製造現場を熟知し、プロダクトも把握している彼が、リシャール・ミルの懐刀であることは、多くの関係者が認めるところだ。事実、リシャール・ミルの主要なイベントでは、ほぼ必ず、彼の姿を見ることができる。ゲナ氏こそ、リシャール・ミルの創造性を陰で支えてきた名軍師なのである。

TOO GREAT! MANUFACTURE ── ★ 51

オロメトリーが受け持つ過酷な耐衝撃テスト
Shock tests

　試作段階や個々の完成品に対して行う"耐衝撃テスト"は、オロメトリーの担当分野である。まずはケースの開発段階で行う、振動による耐衝撃テスト。これは完成したケースをボックス状の容器に入れ、ひたすら振り続けるテストだ。ケースはボックス内をスライドして、ガツンガツンと壁にぶつかり続けるが、こうした衝撃を与え続けた状態で(24時間で約4万4000回)、ネジの緩みなどが発生しないかをチェックする。つまり、締めつけトルクの既定値が適正かを判断するためのテストだ。

　さらにムーブメントをケーシングした状態で、ふたつのテストに供される。まずは「VAL GIN SHOCK TEST」という測定器を使う落下テスト。これはVOH社が開発した測定器で、モントレ・ヴァルジンとパネライが使用している。リュウズ下と風防下の2姿勢で各20回落下させて、ムーブメントへの影響を見るためのもの。この測定器は最大800Gを加えることができるが、通常は200G設定(約6cmの高さから落下)で用いられる。リシャール・ミルのスポーツタイプは、全数検査が基本だ。

　過激なのは、同じくVOH社製の「MOUTION PENDLE」を用いた耐衝撃テスト。これは約1.2mの高さから時計を落とした場合を想定したクラシカルな測定方法で、約4kgのハンマーでケースを本当に"ぶっ叩く"のだ。このテストで時計にかかる重力加速度は、約5000Gに達する。実際の耐衝撃テストでは、事前に歩度(時計の進み遅れ)をチェックしておき、テスト後の歩度が、テスト前の測定値から±30秒以内に収まっていれば、クリアとなる。ひたすら厳格さを追い求める、いかにもリシャール・ミルらしいテストプログラムだ。

TOO GREAT! MANUFACTURE ── ★ **52**

特殊ケースの寸法精度は"ムーブメント級"
Tolerance

　100%サファイアクリスタルケースなどの特殊事例を除いて、現在リシャール・ミルのケースは自社工房の「プロアート・プロトタイプス」で製造されている。そのほとんどが、チタンやカーボンファイバー、またはカーボンTPT™（クオーツTPT™や、超最新素材のグラフTPT™も含む）といった難切削材ばかりなのが特徴的だ。

　通常のチタンケースやベゼルは、スタンピングされたブランク材をベースに切削で仕上げるが、リシャール・ミルでは残留応力（鍛造工程によって素材内に残ってしまうストレス）の影響を嫌って、チタンの無垢材から全切削で製造されている。加えてプロアート・プロトタイプスでは、チタンやカーボン製の地板の切削加工まで手がけている。そのため寸法精度の管理は極めて厳格。通常のケースサプライヤーとは、クオリティチェックの精度がひと桁違っている。通常のケースが1/100mm単位で測定されるとすれば、リシャール・ミルのケースは、1/1000mm単位で測定されるのだ。これは例えるなら、ムーブメントパーツとほぼ同等の厳格さである。その決め手となったのは2014年頃から導入された接点センサーだ。X、Y、Zの3軸座標で、寸法精度を厳密に測定。測定箇所はベゼル1枚で100ヵ所を超えるという。またプロアート・プロトタイプスでは、穴位置や穴径のチェック用に通常の光学測定も併用し、正確さを追い求めている。

RICHARD MILLE's OWNER VOICE

Q1. いちばんのお気に入りモデルと、その理由を教えてください。
Q2. リシャール・ミルというブランドを知ったきっかけはなんですか?
Q3. 最初にリシャール・ミルを知った時の印象を教えてください。
Q4. リシャール・ミルを購入したきっかけ、理由は?
Q5. 実際に使用して感じたリシャール・ミルの長所と、短所も教えてください。

Owner:1

所有モデル
RM 056 フェリペ・マッサ 10th
RM 011 レッドクオーツTPT™
RM 011 ATZ／カーボンTPT™ アジア・レッド 他多数

A1. クリスタル

A2. 以前からお付き合いのある時計専門店からの紹介です。

A3. 斬新なケースで複雑な機械が丸見えですぐに壊れたりしないかなと思いました。

A4. 私が最初に購入した当時は今の価格の半値ぐらいでしたし、担当の店長さんに「今後必ず周りが憧れる時計になるので」とのひと言で購入を決めました。

A5. 長所は手首に着けた時のつけ心地やフィット感覚がいいこと。短所は特にありません。

A6. ナダルモデル

A7. リシャール・ミルを使うようになり、仕事やプライベートで初めてお会いする方ともそのデザイン、存在感で本題そっちのけでリシャール・ミルの話題で盛り上がり、相手との距離が縮まり、それをきっかけにいいお付き合いをさせてもらっている方もたくさんいます。また、リシャール・ミルという時計ができるまでのストーリーや発想、考え方を知れば知る程に何度も驚かされ魅了されていきます。新しいモデルがほしくなるのは当然のことで、もう1本買うにはどうすればいいのかを考えると自然と物事に対して前向きになり、失敗を恐れることがなくなりました。

A8. 今まで国内、国外のリシャール・ミルのイベントにお誘いして頂き、参加してきましたが、イベントの規模やスケールにいつも驚かされます。他ブランドはイベントとなればやはり販売目的でイベントを主催すると思うのですが、リシャール・ミルはその目的よりリシャール・ミルファミリーで楽しみましょうというようなイベントで、いつも楽しませていただいています。そういうイベントもリシャール・ミルの魅力のひとつだと思いました。

Owner:2

所有モデル
RM 68-01 シリル・コンゴ
RM 52-01 ATZ RG アジアリミテッド
RM 52-02 RG スカル ダイヤ
RM 61-01 ヨハン・ブレイク ブラックエディション

A1. シリル・コンゴ。色みが自分の好みの色にピッタリはまったのと、'68年1月生まれなので"68-01"は縁があると思いました。

A2. 口コミです。

A3. とにかく高いと思いました。

A4. 圧倒的にステータス性を感じるので。特にトゥールビヨン系は感じます。

A5. 長所は、見ていてあきない。話題になる。短所は、一度買ったらなかなか売る気になれないところです。

A6. 今のところありません。

A7. 変化というより毎日どの時計をつけるかを選ぶのが楽しく、生活にゆとりとはりができたかな。

A8. 奇をてらった時計というより、メカニカルと堅牢さの両立という意味で一本筋が通っているモノ作りを感じます。え?そこまでやるの?というこまかい部分でのこだわり。アジア限定のRM 52-01のスカルにダイヤモンドが入ったものを知り合いのかなり海外との取引をしている宝石商に見せた時に、「スカルの丸みをおびた部分にダイヤをうめこむのは相当計算されてうめていかないといけない。作りこみがプロから見てもすごいですね」と。また、「見えない裏側のスカルの後頭部にもダイヤがうめこまれており、見えないところまで徹底してこだわっているのがこれを見ても分かりますね」と言っていました。

リシャール・ミルが凄すぎる点

Q6. 次に欲しいと考えている時計があれば教えてください。

Q7. リシャール・ミルを使うようになってから、生活に変化はありましたか？

Q8. リシャール・ミルはスゴい！と思ったエピソードがあれば教えてください。

Owner:3
所有モデル
RM 010 オートマティック

A1. RM 010 オートマティック。まさに「シンプル・イズ・ベスト」。チタンの特長ともいえる、何とも言えない鈍い銀色にも惹かれました。そして、ブランド特有のフォルムに、丁寧に面取りされたケースからは細かな仕事を見ることができます。

A2. 知人が着けているナダルモデルのブラックを着けさせていただき、その軽さに一瞬で心を奪われました。

A3. 「何でこんなに軽いのか!?」と驚きました。着けていることを忘れてしまうほどです。ひとつひとつの部品をどれだけ軽くできるか、とことん極めている。「ここまでやるか!?」という姿勢を貫かれているモノを見ると、元気をもらえます。

A4. とにかく軽さ。また、リシャール・ミルに出合って、この時計に恥じない仕事をしないといけないという気持ちになりました。次に自分が目指さなければいけないところはここしかないな」と思えた時計です。いろいろと時計は持っていましたが、それらを全部リセットして、この時計に集約しました。

A5. 飽きがこないところが最大の長所。大体の時計は、手に入ってしばらくしたらトーンダウンしてしまいがちですが、これは気持ちがまったく変わらない。それは自分が想像している以上のことが、手に入れてから未知なる世界がいっぱいあることに気づかされるからだと思います。そして、スケルトンの構造。光を通した時の見え方が他とぜんぜん違います。短所は、欲しくなることです。

A6. どんな作品がこれから出てくるのか、楽しみにしながら、欲しい衝動に駆られる時がいつ来るのかをワクワクしながら待っています。

A7. 「モノを大事にしなければ」という気持ちを、この時計から教育されています。姿勢や行動にも影響し、よりいっそう多方面に気を配るようになりました。

A8. イベントでいただいたノベルティがまずすごい。季節によって変わる店舗の香り。接客。ベルトを換えにいくだけなのに、対応がものすごく丁寧。自分たちが生みだしているもの、扱っているものの周りのことまで完備されている姿勢が勉強になります。また、あらゆるところに機能美が隠されていて、人と被らない。知っている人は知っているが知らない人は知らないので、どんな場所にでも着けていけます。いろいろな時計メーカーがリシャール・ミルを真似して、軽さはぜんぜん違うがフォルムだけ似た形状が出てきたりしているが、真似されればされるほど、オリジナルが余計に際立ちます。

Owner:4
所有モデル
RM 011 ホワイトゴースト限定モデル
RM 011 フェリペ・マッサ 10th 限定モデル

A1. とても気に入っているので、どちらも選べない。色合いや素材の組み合わせ、限定感を大変気に入っています。

A2. モータースポーツ関連の雑誌や、会員向けの会報誌の広告で。また、クルマ関係の友人や知人がきっかけです。

A3. 値段が高いけど、他ブランドにないデザインが率直にカッコいいと思いました。

A4. 値段的にも誰もが買える時計ではないところ。商品の対価が見合っている点。その対価が自分にフィットしました。

A5. 軽くて丈夫！これに尽きます。短所は感じたことはありません。

A6. RM 11-03。すでにオーダーしています。

A7. リシャール・ミルを購入（投資）することは、ビジネスもプライベートも含めてポジティブかつ成功をものにすることのできる方です。そういう方々だから、幸運や成功を呼ぶと思うので、自分もそう思っています。

A8. レース中に必ず着用しているが、つけていることを忘れてしまうくらい軽く、装着感がすこぶるいい。今やゲン担ぎにもなっており、なくてはならない存在です。

ALL ABOUT RICHARD MILLE

AMAZING! Mr. RICHARD MILLE

リシャール・ミル氏が凄すぎる

AMAZING! Mr. RICHARD MILLE ★ **53**

理想の時計をとことん追い求める

Never give up

　多くのブランドにとって時計は商品である。市場のニーズを探り、戦略的に価格や生産本数を決める。当然、マーケットに求められない時計が生まれる余地はないし、1本にかけられる開発のコストも決められている。
　しかしリシャール・ミルは、まったく異なる。すべてはリシャール・ミル氏の「こういう時計を作りたい」というアイデアと情熱から始まり、その理想の実現のためにはいっさいの妥協を許さない。たとえ小さなネジ1本であろうと、理想にそぐわないものは使用しない。ひとつのパーツのために巨大な工作機械から作ることも辞さない。彼は言う。
　「一度、研究・開発を始めた時計は、ほとんど実現している。何年も時間がかかるものもあるけど、それでもあきらめることはない」
　リシャール・ミルの時計には、途方もないコストと時間、そしてアイデアと情熱が詰めこまれている。完璧なる機能と美しさは、この妥協なき姿勢から生まれているのだ。

AMAZING! Mr. RICHARD MILLE ── ★ 54

誰よりも時計を愛し、
誰よりも人を愛する

Loves watch
Loves people

　リシャール・ミル氏は、陽気で闊達、豪放磊落な男だ。インタビューをしていても、話すことの三分の一はジョーク。自らの艶やかな頭部をネタに笑いを誘うこともある。

　誰に対しても同じように接し、笑顔を絶やすことがない。だからこそ、一度でも彼に会ったことがある人間は、皆彼のファンになってしまう。

　彼は人を笑顔にするためのおもてなしにも妥協はしない。リシャール・ミルのイベントやパーティに足を運ぶと、そのホスピタリティに驚かされることが多い。そこに集まっているのが顧客であろうと、ディーラーであろうと、ジャーナリストであろうと、あるいは自社のスタッフに対してさえも、「楽しんでほしい」と精いっぱいのもてなしをする。

　もしかすると彼が作る時計もすべてリシャール・ミル流の「おもてなし」なのかもしれない。人を喜ばせ、驚かせる。すべての時計がそんな力を秘めているのだから。

AMAZING! Mr. RICHARD MILLE ── ★ **55**

クリエイターでありビジネスマンでもある。

Conceptor

　妥協なき物作りを続けながら、ビジネスを成長させるのは至難の業だ。ブランドが大きくなればなるほど、クリエイティヴと経営の対立は激しくなり、それがブランドの魅力を削いでいくことも少なくない。だが、リシャール・ミルではクリエイティヴとビジネスが見事に両立している。両方をひとりがやっているのだから、当然といえば当然なのだろうが、そこには繊細なバランス感覚が必要だ。

　リシャール・ミル氏は50歳になる2001年まで、いくつかの時計関連の会社でビジネスマンとして働いていた。老舗宝飾ブランドのCEOにも就任している。ビジネスマンとしての能力も経験も十分に積み重ねたのちに、湧き上がるクリエイティヴの衝動を抑え切れず、たったひとりで自らのブランドを立ち上げたのだ。

　ビジネスの厳しさは知っている。それでも彼は時計作りにおいていっさいの妥協をしなかった。どんなに莫大なコストや製作時間がかかろうとも、理想の時計を追い求めれば、それを理解する人間が現れるはず。その信念がリシャール・ミルというブランドを支えてきたのだ。そしてその姿勢は今も変わらない。どんなに人気が出ようとも利益至上主義に陥ることなく、理想を追い求める。物作りの理想がこのブランドには息づいている。

AMAZING! Mr. RICHARD MILLE ✱ 56

自動車に対する情熱は、
誰にも負けない
Car enthusiast

リシャール・ミル氏は、世界有数のビンテージカーコレクターだ。フランス・レンヌにある彼の個人邸、通称"シャトー"には2棟のガレージがあり、「マクラーレンM2B」「フェラーリ・デイトナ」「ランチア・ストラトス」「ロータス78」など、かつてサーキットをにぎわした名車がずらりと並んでいる。ミル氏が嬉しそうに語る。
「フォーミュラカーは、15台。どれも実際のレースで活躍した貴重なクルマばかり。『マクラーレンM2B』は、マクラーレンの本社も持っていない貴重な1台だよ。自宅だけでは収まり切れないから、友人の所にも預けてあるんだ」
錚々(そうそう)たるコレクションのメンテナンスのために専属のメカニックもいる。もはやミュージアム級！と思いきや、
「実はミュージアムを作る計画もあるんだ」
ひたすらに極限の速さを追い求めるレースの世界。エクストリームな時計を作るミル氏がひかれるのは必然といえるだろう。

2016年「鈴鹿サウンド・オブ・エンジン」にて、所有するフェラーリ312Tのステアリングを自ら握る。

24時間耐久レースで知られるル・マンのサーキット。この伝統のコースで、隔年で開催されているのがヒストリックカー・レース「ル・マン・クラシック」だ。2002年から開催されているこのレースは、世界中から1000人以上のドライバーが参戦、12万人以上の観客が押し寄せるビッグイベント。イベントの発起人かつメインスポンサーでもあるリシャール・ミル氏は自らの愛車を操ってレースに参戦することも。腕前もなかなかのもので、カテゴリーごとの優勝争いに絡むほど。2016年には、「鈴鹿サウンド・オブ・エンジン」でもスポンサーを務め、その腕前も披露。

前項でも紹介したが、彼が保有しているのはレース史に残る貴重なレーシングカーばかり。それでもトラブルを恐れることなく、レースに参戦するあたりがミル氏らしい。リシャール・ミルの時計は、どんなに精密でも高価でも実用的だ。決してケースに収めて眺めるだけの時計ではない。レーシングカーも時計もいきいきと動いている時がもっとも魅力的だということを彼は理解しているのだ。

AMAZING! Mr. RICHARD MILLE ── ＊ 57

自らハンドルを握ってレースにも参戦！

Drives on circuit

AMAZING! Mr. RICHARD MILLE ★ 58

17世紀に建てられた貴族のシャトーで暮らす。

Domaine de Monbouan

　まるでおとぎ話の世界に迷いこんだようだ。リシャール・ミル氏が家族と暮らしているのは、フランス・レンヌにある17世紀に建てられたシャトー。緑に囲まれた敷地の面積は、130ヘクタール。東京ディズニーリゾートが約100ヘクタールといえば、その広大さを理解してもらえるだろうか。

　ミル氏は、2002年に住む人もなく荒れ放題だったこのシャトーに移り住み、広大な敷地を少しずつ手入れしてきたという。吹き抜けの広々としたエントランスから3階建てのシャトーに入ると、リビングルーム、ダイニングルーム、書斎、さらには小さなチャペルなど、迷路のようにさまざまな部屋が現れる。部屋がいくつあるのかたずねると、ミル氏は困ったように笑った。

　「そんなの数えたこともないよ。パリで忙しい日々を過ごして、シャトーに帰ってくると本当に落ち着く。この庭を散歩しているだけで、野性を取り戻せるような気がするんだ」

AMAZING! Mr. RICHARD MILLE ———★ **59**

さり気ないファッションは
フレンチシックの手本のよう

French-chic

　リシャール・ミル氏は、いつも小粋なファッションに身を包んでいる。イギリス人のように形式にこだわるわけではなく、イタリア人のようにファッションで過剰な自己主張もしない。タキシードでもスーツでも、あるいはデニムスタイルでも、常にさり気なくて上品。時には美しいブルーやピンクなどを纏うがそれもまた似合う。まさにフレンチシックの手本のようなファッションだ。そしてひとつひとつのアイテムは、彼の身体にほどよくフィットし、どれも選び抜かれたものだということが伝わってくる。

　このファッションセンスは、リシャール・ミルの時計にも間違いなく反映されている。いたずらに主張することなく、実用性を感じさせつつも品格をたたえる。伝統と革新を同時に感じさせるというのも、リシャール・ミルのデザインの特長といえるだろう。彼の類いまれな美意識は、人生のすみずみにまでいきわたっているのだ。

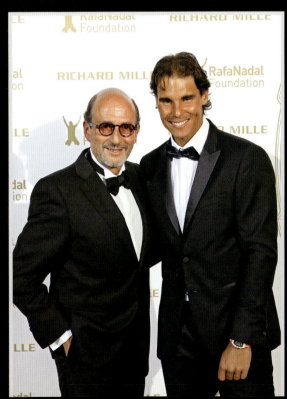

Alexis Pinturault
photo:Agence Zoom

Felipe Massa
photo:Renaud Corlouer

AMAZING! Mr .RICHARD MILLE ——→ *60

"ファミリー"は、
ブランドの広告塔ではない
The family

Jules Bianchi
photo:Renaud Corlouer

Michelle Yeoh
photo:Tony wang

Rafael Nadal
photo:Francois Nel/Getty Images

Bubba Watson
photo:Allan Henry

　ブランドが有名なアスリートや俳優と広告契約するのは、珍しくない。だが、リシャール・ミルと契約する"ファミリー"は、単なる広告塔以上の関係を築いている。リシャール・ミル氏は、ファミリーの選定に際して、人柄を重視するという。ブランドとして心から応援できる人にだけ、リシャール・ミルの時計をつけてほしいと願っているのだ。
　ラファエル・ナダルが試合でも快適につけられる時計を作るために何十という試作を繰り返したというのは、よく知られた話だ。ゴルファーのためにゴルフに適した時計を、レーサーのためにレースに必要な時計を、本気になって作る。その熱意が伝わるからこそ、ファミリーもリシャール・ミルを本気で愛するようになるのだ。
　リシャール・ミルと契約すると活躍するようになるというのも、よく知られた話だ。決して偶然ではない。ミル氏の情熱がファミリーをインスパイアするのだろう。

Jessica von Bredow-Werndl
photo:Sebastian Widmann/Getty Images

Wayde van Niekerk
photo:Matteo Pittini

AMAZING! Mr. RICHARD MILLE ———— * 61

巨大グループに属さず孤高の道を征く
Independent Brand

　1990年代以降、ラグジュアリー業界では老舗、新進問わず数々のブランド買収が繰り返され、結果、いくつかの巨大なブランドグループが形成されていった。買収されるブランドとしては経営が安定するなど、メリットは大きい。しかし一方でグループ入りすることで、ブランドのアイデンティティを失ってしまうという危険性もはらんでいる。
　リシャール・ミルにも買収話はこれまで幾度となく舞いこみ、2014年ごろにはさまざまな噂が飛び交っていた。実際、ギリギリまで交渉が行われたこともあったようだ。しかしリシャール・ミル氏は、最終的にグループ入りの道を選ぶことをせず、それを日本で開かれたパーティの壇上で発表した。
「身売りはしません。これからもエクストリームな時計を限定的に作り続けます」
　会場がおおいに盛り上がったことはいうまでもない。それは、リシャール・ミルにとって大切なのは金儲け＝ビジネスではなく、理想の時計作りとそれを支える顧客だという崇高な宣言だったのだ。

AMAZING! Mr. RICHARD MILLE ———  **62**

彼の目はいつも未来に向かっている
In the future

　リシャール・ミル氏は、こう豪語する。
「今、僕の頭の中にある時計のアイデアをすべて実現するためには、僕は140歳まで生きなきゃならないんだ」
　毎年、いくつもの画期的な新作を発表しながら、彼のアイデアはまだまだ枯渇することはないようだ。彼は続ける。
「でももっと重要なのは、100年後も問題なくリシャール・ミルの時計が動き続け、魅力的であり続けること、時代が変わっても価値ある時計を作ること。素材や機構はそれだけの耐久性を確保しなければならないし、デザインも時代によって魅力を失ってしまうことがあってはならない。そのための努力を惜しむつもりはいっさいありません。リシャール・ミルというブランドに"賞味期限"はないんです」
　芸術にゴールがないように、時計作りにもゴールはない。それでも飽くことなく究極の時計を追い求めるリシャール・ミル。100年後の人が彼の作る時計をどう評価するのか。できることなら訊いてみたい気がする。

ALL ABOUT RICHARD MILLE

RICHARD MILLE COMPLETE CATALOGUE

リシャール・ミル
コンプリート
カタログ

RM 001 トゥールビヨン [2001]

手巻き、チタンケース、45.00×38.30×11.85mm
日本未入荷（生産終了）

RM 002 V2 トゥールビヨン [2004]

手巻き、18KRGケース、45.00×38.30×11.80mm
¥26,000,000（生産終了）

RM 002 V2 トゥールビヨン オールグレー [2009]

手巻き、チタン（マイクロブラスト仕上げ）ケース、
45.00×38.30×11.85mm
¥26,500,000（生産終了）

RM 003 V2 トゥールビヨン デュアルタイム [2002]

手巻き、18KWG、48.00×39.30×13.84mm
¥31,000,000（生産終了）

※価格はすべて2017年4月1日現在。税抜表示。

COMPLETE CATALOGUE

RM 003 V2 トゥールビヨン デュアルタイム オールグレー [2009]

手巻き、チタン（マイクロブラスト仕上げ）ケース、
48.00×39.30×13.84mm
¥30,500,000（生産終了）

RM 004 V2 スプリットセコンド クロノグラフ [2002]

手巻き、18KRG、48.00×39.00×15.05mm
RG ¥18,000,000（生産終了）

RM 004 V2 スプリットセコンド クロノグラフ オールグレー [2009]

手巻き、チタン（マイクロブラスト仕上げ）ケース、
48.00×39.00×15.05mm
¥18,500,000（生産終了）

RM 004 V2 スプリットセコンド クロノグラフ フェリペ・マッサ [2009]

手巻き、チタンケース、48.00×39.00×15.05mm
¥20,000,000（生産終了）

RM 005 オートマティック [2004]

自動巻き、チタンケース、45.00×37.80×11.45mm
¥4,400,000（生産終了）

RM 005 オートマティック フェリペ・マッサ [2006]

自動巻き、プラチナケース、45.00×37.80×11.45mm
¥8,000,000（生産終了）

**RM 005 オートマティック
フェリペ・マッサ** [2006]

自動巻き、チタン（マイクロブラスト仕上げ）ケース、
45.00×37.80×11.45mm
¥4,400,000（生産終了）

RM 006 トゥールビヨン [2004]

手巻き、チタンケース、45.00×37.80×12.05mm
¥28,000,000（生産終了）

**RM 007 レディス
オートマティック** [2005]

自動巻き、18KWGケース、45.00×31.00×10.90mm
¥20,350,000（生産終了）

**RM 007 レディス
オートマティック** [2005]

自動巻き、18KRGケース、45.00×31.00×10.90mm
¥8,650,000（生産終了）

**RM 007 レディス
オートマティック** [2005]

自動巻き、チタンケース、45.00×31.00×10.90mm
¥5,600,000（生産終了）

**RM 007 レディス
オートマティック** [2012]

自動巻き、チタンケース、45.00×31.00×10.90mm
¥5,600,000（生産終了）

COMPLETE CATALOGUE

**RM 007 レディス
オートマティック** [2005]

自動巻き、18KRGケース、45.00×31.00×10.90mm
¥17,450,000（生産終了）

**RM 007 レディス
オートマティック** [2009]

自動巻き、タイタリットケース、
45.00×31.00×10.90mm
¥4,700,000（生産終了）

**RM 007 レディス
オートマティック** [2012]

自動巻き、チタンDLCケース、
45.00×31.00×10.90mm
¥6,350,000（生産終了）

**RM 007 レディス
オートマティック** [2014]

自動巻き、18KWGケース、45.00×31.00×10.90mm
¥9,350,000（生産終了）

**RM 07-01 レディス
オートマティック** [2014]

自動巻き、18KWGケース、45.66×31.40×11.85mm
¥21,200,000

**RM 07-01 レディス
オートマティック** [2014]

自動巻き、ATZホワイトセラミックス×18KRGケース、
45.66×31.40×11.85mm
¥12,600,000

175

**RM 07-01 レディス
オートマティック** [2014]

自動巻き、TZPブラウンセラミックス×18KRGケース、
45.66×31.40×11.85mm
¥12,300,000

**RM 07-01 レディス
オートマティック** [2014]

自動巻き、18KWGケース、45.66×31.40×11.85mm
¥25,100,000

RM 07-01 ジャパン・ピンク [2016]

自動巻き、ATZホワイトセラミックス×18KWGケース、
45.66×31.40×11.85mm
¥11,800,000　日本限定40本

**RM 07-01 レディス
オートマティック** [2016]

自動巻き、TZPピンクセラミックス×18KWGケース、
45.66×31.40×11.85mm

**RM 07-02 ピンクレディ・
サファイア** [2016]

自動巻き、ピンクサファイアクリスタルケース、
46.75×32.90×14.35mm

**RM 008 V2 トゥールビヨン
スプリットセコンドクロノグラフ** [2005]

手巻き、18KRGケース、48.00×39.70×14.95mm
¥59,000,000（生産終了）

COMPLETE CATALOGUE ━━━ ✦

**RM 008 V2 トゥールビヨン
スプリットセコンドクロノグラフ
オールグレー** [2009]

手巻き、チタン（マイクロブラスト仕上げ）ケース、
48.00×39.70×14.95mm
¥59,500,000（生産終了）

**RM 008 V2 トゥールビヨン
スプリットセコンドクロノグラフ
フェリペ・マッサ** [2009]

手巻き、18KRGケース、48.00×39.70×14.95mm
¥60,000,000（生産終了）

**RM 008 V2 トゥールビヨン
スプリットセコンドクロノグラフ
ル・マン クラシック** [2012]

手巻き、チタン（マイクロブラスト仕上げ）ケース、
48.00×39.70×14.95mm
日本未入荷（生産終了）

**RM 009 トゥールビヨン
フェリペ・マッサ** [2005]

手巻き、アルシックケース、45.00×37.80×12.65mm
¥38,000,000（生産終了）

**RM 010 スケルトン
オートマティック** [2006]

自動巻き、18KRGケース、48.00×39.30×13.84mm
¥10,900,000（生産終了）

**RM 010 スケルトン オートマティック
ギンザコレクション** [2007]

自動巻き、チタン（マイクロブラスト仕上げ）ケース、
48.00×39.30×13.84mm
¥5,200,000（生産終了）　日本限定10本

**RM 010 スケルトン オートマティック
ギンザコレクションII** [2007]

自動巻き、チタン（マイクロブラスト仕上げ）ケース、
48.00×39.30×13.84mm
¥5,200,000（生産終了） 日本限定5本

**RM 010 スケルトン オートマティック
ジャパンリミテッド** [2010]

自動巻き、チタンDLCケース、
48.00×39.30×13.84mm
¥5,700,000（生産終了） 日本限定10本

**RM 010 スケルトン オートマティック
ル・マン クラシック** [2010]

自動巻き、18KRGケース、48.00×39.30×12.60mm
¥6,400,000（生産終了）

**RM 011 オートマティック
フライバッククロノグラフ
フェリペ・マッサ** [2007]

自動巻き、チタンケース、50.00×40.00×16.15mm
¥12,900,000（生産終了）

**RM 011 オートマティック
フライバッククロノグラフ
ル・マン クラシック** [2008]

自動巻き、18KRG×チタンケース、
50.00×40.00×16.15mm
¥9,000,000（生産終了）

**RM 011 オートマティック
フライバッククロノグラフ
フェリペ・マッサ** [2011]

自動巻き、チタン（マイクロブラスト仕上げ）ケース、
50.00×40.00×16.15mm
¥9,700,000（生産終了）

COMPLETE CATALOGUE

**RM 011 オートマティック
フライバッククロノグラフ
フェリペ・マッサ** [2011]

自動巻き、カーボンコンポジットケース、
50.00×40.00×16.15mm
¥16,200,000（生産終了）

**RM 011 オートマティック
フライバッククロノグラフ
フェリペ・マッサ** [2011]

自動巻き、18KRGケース、50.00×40.00×16.15mm
¥18,000,000（生産終了）

**RM 011 オートマティック
フライバッククロノグラフ
フェリペ・マッサ** [2012]

自動巻き、カーボンコンポジットケース、
50.00×40.00×16.15mm
¥11,800,000（生産終了） 日本限定10本

**RM 011 オートマティック
フライバッククロノグラフ
ル・マン クラシック** [2012]

自動巻き、チタンケース、50.00×40.00×16.15mm
¥14,200,000（生産終了）

**RM 011 オートマティック
フライバッククロノグラフ
スパ・クラシック** [2013]

自動巻き、チタン（マイクロブラスト仕上げ）ケース、
50.00×40.00×16.15mm
¥14,500,000（生産終了）

**RM 011 オートマティック
フライバッククロノグラフ
ロータスF1チーム
ロマン・グロージャン** [2014]

自動巻き、カーボンTPT™ケース、
50.00×40.00×16.15mm
¥18,200,000（生産終了）

RM 011 オートマティック フライバッククロノグラフ フェリペ・マッサ 10周年記念モデル [2015]

自動巻き、カーボンTPT™ケース、
50.00×40.00×16.15mm
¥17,400,000（生産終了）

RM 011 オートマティック フライバッククロノグラフ レッドクオーツ TPT™ [2016]

自動巻き、
レッドクオーツTPT™×カーボンTPT™ケース、
45.40×38.30×12.55mm
¥18,400,000（生産終了）

RM 011 オートマティック フライバッククロノグラフ ラストエディション [2016]

自動巻き、TZPブルーセラミックス×チタンケース、
45.40×38.30×12.55mm
¥18,900,000（生産終了）

RM 11-01 オートマティック フライバッククロノグラフ ロベルト・マンチーニ [2013]

自動巻き、チタンケース、45.00×42.70×16.15mm
¥15,100,000

RM 11-02 フライバッククロノグラフ デュアルタイムゾーン [2015]

自動巻き、チタンケース、50.00×42.70×16.15mm
¥17,900,000

RM 11-02 ル・マン クラシック [2016]

自動巻き、ATZホワイトセラミックス×
カーボンTPT™ケース、50.00×42.70×16.15mm
¥18,200,000

COMPLETE CATALOGUE

**RM 11-03 オートマティック
フライバッククロノグラフ** [2016]

自動巻き、チタンケース、49.94×44.50×16.15mm
¥13,000,000

RM 012 トゥールビヨン [2006]

手巻き、プラチナケース、48.00×39.30×13.84mm
¥50,000,000（生産終了）

**RM 014 トゥールビヨン
ペリーニ・ナヴィ・カップ** [2006]

手巻き、プラチナケース、45.00×38.90×11.85mm
¥47,700,000（生産終了）

**RM 014 トゥールビヨン
ペリーニ・ナヴィ・カップ** [2015]

手巻き、TZPブラックセラミックス×
カーボンコンポジットケース、
45.00×38.90×11.85mm
¥44,500,000（生産終了）

**RM 015 トゥールビヨン
ペリーニ・ナヴィ・カップ
デュアルタイム** [2007]

手巻き、プラチナケース、48.00×39.30×13.84mm
¥51,800,000（生産終了）

**RM 016 オートマティック
エクストラフラット** [2007]

自動巻き、18KRGケース、49.80×38.00×8.25mm
¥11,300,000

**RM 016 オートマティック
エクストラフラット** [2009]

自動巻き、タイタリットケース、
49.80×38.00×8.25mm
¥9,400,000

**RM 016 オートマティック
エクストラフラット** [2007]

自動巻き、チタンケース、49.80×38.00×8.25mm
¥9,300,000

**RM 017 トゥールビヨン
エクストラフラット** [2011]

手巻き、18KRGケース、49.80×38.00×8.70mm
¥50,100,000

**RM 018 トゥールビヨン
オマージュ・ア・ブシュロン** [2008]

手巻き、18KWGケース、48.00×39.30×13.84mm
¥79,000,000（生産終了）

RM 019 トゥールビヨン [2009]

手巻き、18KWGケース、45.50×38.30×12.25mm
¥55,000,000（生産終了）

RM 19-01 トゥールビヨン [2014]

手巻き、18KWGケース、46.40×38.30×12.45mm
¥72,100,000

COMPLETE CATALOGUE

RM 19-02 トゥールビヨン
フルール [2015]

手巻き、18KWGケース、45.40×38.30×12.55mm
¥105,000,000

RM 020 トゥールビヨン
ポケットウォッチ [2010]

手巻き、チタンケース、62.00×52.00×15.60mm
¥56,500,000（生産終了）

RM 021 トゥールビヨン
エアロダイン [2009]

手巻き、チタンケース、48.00×39.30×13.84mm
¥49,000,000

RM 022 トゥールビヨン
エアロダイン デュアルタイム [2010]

手巻き、チタンケース、48.00×39.70×13.85mm

RM 023 オートマティック [2009]

自動巻き、チタンケース、45.00×38.30×11.85mm
¥8,700,000

RM 025 トゥールビヨン
クロノグラフ ダイバー [2009]

手巻き、チタン×18KRGケース、50.70×19.20mm

RM 026 トゥールビヨン [2011]

手巻き、18KWGケース、45.00×39.70×12.60mm
日本未入荷（生産終了）

**RM 26-01 トゥールビヨン
パンダ** [2013]

手巻き、18KWGケース、48.00×39.70×12.60mm
日本未入荷（生産終了）

**RM 26-02 トゥールビヨン
イーヴィルアイ** [2015]

手巻き、TZPブラックセラミックス×18KRGケース、
48.15×40.10×13.10mm
¥60,000,000

**RM 027 トゥールビヨン
ラファエル・ナダル** [2010]

手巻き、カーボンコンポジットケース、
48.00×39.70×11.85mm
¥47,000,000（生産終了）

**RM 27-01 トゥールビヨン
ラファエル・ナダル** [2013]

手巻き、カーボンコンポジットケース、
45.98×38.90×10.05mm
¥75,000,000（生産終了）

**RM 27-02 トゥールビヨン
ラファエル・ナダル** [2015]

手巻き、クオーツTPT™×カーボンTPT™ケース、
47.77×39.70×12.25mm
¥88,000,000（生産終了）

COMPLETE CATALOGUE ─────── ✱

**RM 028 オートマティック
ダイバー** [2010]

自動巻き、チタンケース、47.00×14.60mm
¥11,600,000

**RM 028 オートマティック
ダイバー セントバーツ** [2011]

自動巻き、チタンケース、47.00×14.60mm
¥12,600,000（生産終了）

**RM 028 オートマティック
ダイバー** [2014]

自動巻き、チタン（ブラウンPVD）ケース、
47.00×14.60mm
¥12,600,000（生産終了）

**RM 029 オートマティック
オーバーサイズ デイト** [2011]

自動巻き、18KRGケース、48.00×39.70×12.60mm
¥11,300,000

**RM 029 オートマティック
オーバーサイズ デイト 日本限定** [2014]

自動巻き、チタンケース、48.00×39.70×12.60mm
¥10,000,000（生産終了） 日本限定20本

RM 029 ジャパン・レッド [2015]

自動巻き、TZPブラックセラミックス×チタンケース、
48.00×39.70×12.60mm
¥10,500,000（生産終了） 日本限定30本

RM 029 ジャパン・ブルー [2016]

自動巻き、カーボンTPT™×チタンケース、
48.00×39.70×12.60mm
¥11,000,000　日本限定50本

**RM 030 オートマティック
デクラッチャブルローター** [2011]

自動巻き、チタンケース、50.00×42.70×13.95mm
¥10,800,000

**RM 030 オートマティック
デクラッチャブルローター
日本限定** [2013]

自動巻き、カーボンコンポジットケース、
50.00×42.70×13.95mm
¥16,100,000（生産終了）　日本限定15本

**RM 030 オートマティック
デクラッチャブルローター
ル・マン クラシック** [2014]

自動巻き、ATZホワイトセラミックスケース、
50.00×42.70×13.95mm
¥17,400,000（生産終了）

RM 030 ジャパン・レッド [2016]

自動巻き、ATZホワイトセラミックス×チタンケース、
50.00×42.70×13.95mm
¥15,200,000　日本限定50本

RM 031 ハイパフォーマンス [2012]

手巻き、チタン×プラチナケース、50.00×13.90mm
¥114,000,000

COMPLETE CATALOGUE

RM 032 オートマティック クロノグラフ ダイバー [2011]

自動巻き、チタンケース、50.00×17.86mm
¥17,400,000

RM 033 オートマティック エクストラフラット [2011]

自動巻き、チタンケース、45.70×6.30mm
¥10,800,000

RM 035 ラファエル・ナダル [2011]

手巻き、アルミニウム2000×マグネシウムWE54×カーボンコンポジットケース、
48.00×39.70×12.25mm
¥10,900,000（生産終了）

RM 35-01 ラファエル・ナダル [2014]

手巻き、カーボンTPT™ケース、
49.94×42.70×14.05mm
¥12,300,000

RM 35-02 オートマティック ラファエル・ナダル [2016]

自動巻き、レッドクオーツTPT™×クオーツTPT™ケース、49.94×44.50×13.05mm
¥14,800,000

RM 036 トゥールビヨン Gセンサー ジャン・トッド [2013]

手巻き、チタンケース、50.00×42.70×16.15mm
¥57,400,000（生産終了）

**RM 36-01 トゥールビヨン
コンペティションロータリー Gセンサー
セバスチャン・ローブ** [2014]

手巻き、TZPブラウンセラミックス×チタン×
カーボンコンポジットケース、47.70×17.37mm
¥72,100,000

RM 037 オートマティック [2012]

自動巻き、18KWGケース、52.20×34.40×12.50mm
¥13,000,000

RM 037 オートマティック [2014]

自動巻き、ATZホワイトセラミックス×18KRGケース、
52.63×34.40×13.00mm
¥15,400,000

RM 037 オートマティック [2014]

自動巻き、TZPブラックセラミックス×18KRGケース、
52.63×34.40×13.00mm
¥15,000,000

**RM 038 トゥールビヨン
バッバ・ワトソン** [2011]

手巻き、マグネシウムWE54ケース、
48.00×39.70×12.80mm
¥45,100,000（生産終了）

**RM 38-01 トゥールビヨン Gセンサー
バッバ・ワトソン** [2014]

手巻き、TZP-Gグリーンセラミックス×
ホワイトラバーコーティングチタンケース、
49.94×42.70×16.15mm
¥92,000,000

COMPLETE CATALOGUE

**RM 38-01 トゥールビヨン Gセンサー
バッバ・ワトソン** [2016]

手巻き、クオーツTPT™×
ホワイトラバーコーティングチタンケース、
49.94×42.70×16.15mm
¥92,000,000

**RM 039 トゥールビヨン フライバック
クロノグラフ アヴィエーション
E-6B** [2012]

手巻き、チタンケース、50.00×19.40mm
¥107,500,000

**RM 39-01 オートマティック
フライバッククロノグラフ
アヴィエーション E-6B** [2013]

自動巻き、チタンケース、50.00×16.80mm
¥16,800,000

**RM 050 トゥールビヨン
スプリットセコンド コンペティション
クロノグラフ フェリペ・マッサ** [2012]

手巻き、カーボンコンポジットケース、
50.00×42.70×16.30mm
¥85,100,000（生産終了）

**RM 50-01 トゥールビヨン クロノグラフ
Gセンサー ロータスF1チーム
ロマン・グロージャン** [2014]

手巻き、カーボンTPT™×18KRGケース、
50.00×42.70×16.40mm
¥109,500,000（生産終了）

**RM 50-02 ACJ トゥールビヨン
スプリットセコンドクロノグラフ** [2016]

手巻き、ATZホワイトセラミックス×チタン・
アルミニウム合金ケース、
50.10×42.70×16.50mm
¥118,400,000

RM 051 トゥールビヨン フェニックス ミシェル・ヨー [2012]

手巻き、18KRGケース、48.00×39.70×12.80mm
¥66,900,000

RM 51-01 トゥールビヨン タイガー＆ドラゴン ミシェル・ヨー [2014]

手巻き、18KWGケース、48.00×39.70×12.80mm
¥101,000,000

RM 51-02 トゥールビヨン ダイヤモンド ツイスター [2015]

手巻き、18KWGケース、47.95×39.70×12.60mm
¥91,000,000

RM 052 トゥールビヨン スカル [2012]

手巻き、チタンケース、42.70×50.00×15.95mm
¥42,800,000（生産終了）

RM 52-01 トゥールビヨン スカル [2013]

手巻き、TZPブラックセラミックス×カーボンコンポジットケース、42.70×50.00×15.95mm
¥63,500,000（生産終了）

RM 053 トゥールビヨン パブロ・マクドナウ [2012]

手巻き、チタン×チタンカーバイトケース、50.00×42.70×20.00mm
¥54,300,000（生産終了）

COMPLETE CATALOGUE

RM 055 バッバ・ワトソン [2012]

手巻き、ATZホワイトセラミックス×
ホワイトラバーコーティングチタンケース
49.90×42.70×13.05mm
¥12,000,000

RM 055 ジャパン・ブルー [2015]

手巻き、ATZホワイトセラミックス×
ブラックラバーコーティングチタンケース
49.90×42.70×13.05mm
¥12,500,000（生産終了） 日本限定40本

**RM 056 トゥールビヨン
スプリットセコンド コンペティション
クロノグラフ フェリペ・マッサ
サファイア** [2012]

手巻き、サファイアクリスタルケース、
50.50×42.70×19.25mm
¥140,000,000（生産終了）

**RM 056 トゥールビヨン
スプリットセコンド コンペティション
クロノグラフ フェリペ・マッサ
サファイア 10周年記念** [2015]

手巻き、サファイアクリスタルケース、
50.50×42.70×19.25mm
¥205,000,000（生産終了）

**RM 56-01 トゥールビヨン
サファイア** [2013]

手巻き、サファイアクリスタルケース、
50.50×42.70×16.75mm
¥157,000,000（生産終了）

**RM 56-02 トゥールビヨン
サファイア** [2014]

手巻き、サファイアクリスタルケース、
50.50×42.70×16.75mm
¥227,500,000

RM 057 トゥールビヨン ドラゴン ジャッキー・チェン [2012]

手巻き、18KRGケース、50.00×42.70×14.55mm
¥57,000,000（生産終了）

RM 57-01 トゥールビヨン フェニックス＆ドラゴン ジャッキー・チェン [2014]

手巻き、18KRGケース、50.00×42.70×14.15mm
日本未入荷（生産終了）

RM 58-01 トゥールビヨン ワールドタイマー ジャン・トッド [2013]

手巻き、18KRG×チタンケース、50.00×15.35mm
¥68,000,000

RM 59-01 トゥールビヨン ヨハン・ブレイク [2013]

手巻き、カーボンコンポジットケース、
50.24×42.70×15.84mm
¥62,400,000（生産終了）

RM 60-01 オートマティック フライバッククロノグラフ レガッタ [2014]

自動巻き、チタンケース、50.00×16.33mm
¥18,100,000

RM 61-01 ヨハン・ブレイク [2014]

手巻き、TZPブラックセラミックス×
カーボンTPT™ケース、50.23×42.70×15.84mm
¥13,500,000

COMPLETE CATALOGUE

**RM 61-01 ヨハン・ブレイク
ブラックエディション** [2015]

手巻き、TZPブラックセラミックス×
カーボンTPT™ケース、50.23×42.70×15.84mm
¥14,000,000（生産終了）

RM 63-01 ディジーハンズ [2014]

自動巻き、18KRG×チタンケース、42.70×11.70mm
¥14,200,000

**RM 63-02 オートマティック
ワールドタイマー** [2016]

自動巻き、チタンケース、47.00×13.85mm
¥17,400,000

**RM 67-01 オートマティック
エクストラフラット** [2016]

自動巻き、チタンケース、47.52×38.70×7.75mm
¥9,700,000

**RM 68-01 トゥールビヨン
シリル・コンゴ** [2016]

手巻き、TZPブラックセラミックス×
カーボンTPT™ケース、50.24×42.70×15.84mm
¥90,100,000（生産終了）

**RM 69 トゥールビヨン
エロティック** [2015]

手巻き、チタンケース、50.00×42.70×16.15mm
¥81,800,000

RICHARD MILLE 2017 COLLECTION

**RM 50-03 トゥールビヨン
スプリットセコンド クロノグラフ
ウルトラライト マクラーレンF1**

手巻き、グラフTPT™ケース、49.65×44.50×16.10mm
¥112,700,000（予価）

RM 17-01 トゥールビヨン

手巻き、ATZホワイトセラミックス×18KRGケース、
48.00×39.70×12.60mm
¥49,800,000（予価）

**RM 61-01 ヨハン・ブレイク
グレーエディション**

手巻き、TZPブラックセラミックス×
カーボンTPT™ケース、50.23×42.70×15.84mm
¥13,600,000（予価）

RM 11-02 ジャパン・ブルー

自動巻き、ATZホワイトセラミックス×
カーボンTPT™ケース、50.00×42.70×16.15mm
¥18,200,000（予価） 日本限定30本

RM 055 ジャパン・レッド

手巻き、カーボンTPT™ケース、
49.90×42.70×13.05mm
¥13,000,000（予価） 日本限定50本

**RM 07-01 レディス カーボンTPT™
ジェムセット**

自動巻き、カーボンTPT™×18KRGケース、
45.66×31.40×11.85mm
¥13,400,000（予価）

リシャール・ミル 2017 コレクション

RM 037 カーボンTPT™ ジェムセット

自動巻き、カーボンTPT™×18KRGケース、
52.63×34.40×13.00mm
¥22,900,000（予価）

RM 07-01 レディス カーボンTPT™ チタン

自動巻き、カーボンTPT™×チタンケース、
45.66×31.40×11.85mm
¥7,000,000（予価）

RM 037 カーボンTPT™ チタン

自動巻き、カーボンTPT™×チタンケース、
52.63×34.40×13.00mm
¥8,950,000（予価）

RM 11-03 ジャン・トッド

自動巻き、ブルークオーツTPT™×カーボンTPT™ケース、49.94×44.50×16.15mm
¥15,900,000（予価）

RM 050 ジャン・トッド

手巻き、ブルークオーツTPT™×カーボンTPT™ケース、50.00×42.70×16.30mm
¥115,000,000（予価）

RM 056 ジャン・トッド

手巻き、サファイアクリスタルケース、
50.50×42.70×19.25mm
¥220,000,000（予価）

INTERVIEW WITH Mr. KEITA KAWASAKI ★

川﨑圭太 リシャールミルジャパン代表取締役。リシャール・ミルの腕時計に惚れこみ、日本展開を仕掛けた。独自の販売、マーケティング戦略を貫き、小売価格で平均約1600万円のリシャール・ミルを日本市場に根づかせる。

　約30年前、私が時計業界に入ったころ、先輩にこう教えられました。
「高級時計というのは、機械式時計のことだ」
　確かにゼンマイと歯車で時を刻む機械式時計は、電池で動くクオーツより手が込んでいて、高級なイメージがあります。しかし仕事でいろいろな時計に触れていくにつれ、私のなかの"高級"のイメージがどんどん揺らいでいきました。
　ムーブメントが機械式でも安っぽく見える時計はたくさんありましたし、逆にクオーツ時計でも宝石を使い、デザインの優れた高級感のある時計も数多く目にしました。そしてやがて気づいたのです。機械式＝高級、というのは、時計業界がみんなで作り上げた"幻想"にすぎないのではないかと。その幻想を守るために莫大な広告費を使い、その広告費を上乗せして、さらに高価な時計を世に送りだしてきたのです。
「そんなことはない。クオーツは大量生産できるから、手間ひまがかかる機械式のほうがやはり高級なのだ」
　そんなふうに言う人もいます。確かにそういう時代もあったかもしれません。でも最近は、機械式ムーブメントも大量生産されています。「MADE IN SWISS」でも、大規模工場で安価に作られたムーブメントはたくさんありますし、人件費の安い国でさらに安価に作られた機械式ムーブメントを使っているブランドも少なくありません。かつてスイスの限られた職人しか作れないといわれた複雑時計の代名詞「トゥールビヨン」も中国なら１個数百円で作れるといいます。
　私自身、数十万円の機械式時計と数百万円の機械式時計を見ても違いがわからない時があります。両者の差を見つけるとしたら、「高級なイメージのあるブランドとそうでないブランドの差」ということもままあるのです。ブランドが有名だから高級。価格が高いから高級。時計ビジネスなんて嘘と虚飾ばかりだとうんざりしていた時期もありました。
　しかしそんな時期に、運命的な時計に出合ったのです。当時扱っていたブランドの契約終了の交渉が終わり、最後の握手を交わした際に、圧倒的な存在感を放つ時計をつけている男性がいました。

　私が時計に興味を持っていることを察すると、その男性は左手を前に突きだし、私にその時計を見せてきました。近くで見てさらに驚いたのは、その時計がこれまでに見たこともないほどに美しいトゥールビヨンだったことです。男性はさらにそのトゥールビヨンを手首から外し、私に投げ渡したのです。私は、思わず声が出そうなほどに驚き、慌てて時計をキャッチしました。

　トゥールビヨンはその繊細さゆえに扱いには細心の注意が必要というのが常識です。もし床に落としてしまったら大変なことになる。慌てる私を男性は、「落としても構わなかったのに」とでも言いたげな嬉しそうな顔で見ていました。

　この男性こそ、当時、宝飾時計ブランドのセールスを担当していたリシャール・ミルさんであり、私に投げ渡したのがリシャール・ミルの記念すべき1本目の時計「RM 001」だったのです。

　その時計は、じっくり見れば見るほど、私がそれまでに知っていたどんな時計とも違っていました。装飾的ではないのに美しく、繊細さよりも力強さを感じさせる。金でもプラチナでもなく、宝石を使っているわけではないのに高級感に溢れていたのです。

　この出会いをきっかけに、私は幸運にもリシャール・ミルの日本での販売を担うことになりました（かなり強硬にリシャールさんにお願いしたのですが）。リシャール・ミルの時計を扱うようになってからは、「高級とは何か」ということに、自分なりの答えも見つかったように思います。それは、とても単純なことです。

　その時計にどれだけの技術と時間と情熱が詰めこまれているか。それが高級かそうではないかの差なのです。数百万円の価格がつけられている時計でもルーペで見ると、仕上げが雑なものがたくさんあります。文字盤に小さなキズがある、パーツのエッジにバリが残っている……そういう時計は、機械式であることを言いわけにして時計の本来の役割であるはずの正確性すら持ち合わせていません。

　リシャール・ミルでは、目に見えないようなサイズのネジの仕上げにまでとことんこだわっています。こだわり抜いたパーツを正確

INTERVIEW WITH Mr. KEITA KAWASAKI

に丁寧に組み立てる。そこにいっさいの妥協はありません。だからこそ正確に時を刻み、堅牢な時計ができあがるのです。

さらにその時計を入念にテストします。私は、スイスのリシャール・ミルの工場で、できあがったトゥールビヨンの時計に大きな振り子ハンマーをぶつける衝撃テストを見て、大変驚きました。ケースの強度をチェックするためにハンマーテストを行うブランドは他にもあります。でもそれは、あくまでもケースの強度のチェック。ムーブメントを、しかもトゥールビヨンのムーブメントを入れてハンマーテストを行っているのは、恐らくリシャール・ミルだけではないかと思います。

こういうブランドですから、たくさんの時計を作ることはできません。理想を追求するあまり、パーツを作る機械から開発することも珍しくありません。必然的に1本の時計の価格は、高くなってしまいます。

私が日本で販売を始めたころ、たくさんの人から「こんな価格の時計が売れるはずがない」と言われました。確かに最初の1年で売れたのは1本だけ。そのあともなかなか売れませんでした。でも私は、このリシャール・ミルの価値をわかる人がもっといるはずだと思い、ビジネスを続けてきました。200〜300万円払って"高級っぽい"時計を買うよりも、その3倍の価格であっても本物の高級時計を買ったほうがいい。そう考える人が現れるはずだと、何の根拠もなく信じていたのです。

当時を思えば、今こうしてリシャール・ミルを愛してくれるお客様が増え、ブティックに在庫がない状態になっているというのは、とてもありがたく、幸せなことです。私がリシャール・ミルの時計を初めて目にした日から十数年が経ましたが、今でもリシャールさんは、驚くような新作を発表し続け、そのアイデアは枯れる様子がありません。

私は時計を作れるわけではありません。リシャールさんは、ビジネスパートナーではありますが、最高の友人であり、私は彼の日本で最初のファンです。そんな私の役割は、ふたつあると考えています。リシャールさんの情熱が詰まった時計たちをその価値をご理解、共有してくださるお客様にきちんと届け続

ること。そしてもうひとつがリシャール・ミルの価値を守ることです。

リシャール・ミルの時計は、それ自体が文化であり芸術です。だからこそ販売したあともしっかりと管理し続ける責任があると、私は考えました。そこでリシャール・ミルの認定中古時計をメインに扱うビンテージショップ『NX ONE』をオープンさせたのです。

このショップがあることでビンテージ品であっても誰がどんなふうに使った時計かを把握できますし、適切なメンテナンスをすることで品質を高く維持することも可能です。このショップであれば、お客様が粗悪なフェイク品に騙されるということもありません。このように50年後、100年後までブランドの価値を守ることこそが、リシャール・ミルを信じて購入してくださるお客様に対する最大のホスピタリティになると信じています。

残念ながら現在も時計業界には、嘘と虚飾が蔓延しています。最近はリシャール・ミルの人気にあやかって、似たようなデザインの時計を出し、価値に見合わない高価格で販売しているブランドもいくつかあります。そういう時計を見て、怒りがこみ上げたこともあります。

でも近頃は、変わってきました。真似するならすればいい。リシャール・ミルのような価格をつけたければ、そうすればいい。でも絶対にリシャール・ミルのクオリティを超えるどころか、並ぶことすらできないはずです。そんな時計を見た人は、「やっぱり本物は凄い」と思い、あらためてリシャール・ミルの価値が見直されるようになるでしょう。

リシャール・ミルは、これからも完璧な高級時計を作り続けます。信じられないほどの技術を詰めこみ、理想のためには時間もコストも惜しげもなくそそぎこむ。そしてできあがる圧倒的なクオリティと、独創的で繊細な美しさ。そこには機械式時計のよき伝統を受け継ぎつつ、さらに未来へと導く革新性があります。

だからこそ私は、こう言いたいのです。リシャール・ミルは、たくさんある高級時計ブランドのひとつではないと。リシャール・ミルの時計は、そんなカテゴリーすら超越した〝超絶時計〟なのです。

川上康介	1971年鹿児島県生まれ。フリーランスエディター・ライター。 ざまざまなジャンルの人物インタビューを中心に、ファッションからスポーツまで幅広い分野を取材する。 本書では「リシャール・ミル氏インタビュー」「ブランドとして凄すぎる」「リシャール・ミルさんが凄すぎる」を主に担当。 著書『プロフェッショナル・コンセプター』『僕たちは、なぜ腕時計に数千万円を注ぎ込むのか?』ほか。
鈴木裕之	1972年東京都生まれ。フリーランスエディター・ライター。 時計専門誌『クロノス日本版』の編集部にも所属し、スイス、ドイツを中心に、 ファクトリー取材や技術者インタビューなどを多く手掛ける。 本書では「コンセプターとして凄すぎる」「マニュファクチュールが凄すぎる」を主に担当。
装丁・イラスト	松山裕一
本文デザイン	UDM、永野 舞
協 力	リシャールミルジャパン　www.richardmille.com
写 真	奥田高文、坂田貴広(P.26-P.27)、三田村 優、峯岸進治(P.158-P.159)、山下郁夫(P.5-P.11)
写真協力	クロノス日本版（シムサム・メディア）
校 正	ぷれす
DTP	ビーワークス
制作サポート	ブルズアイ コミュニケーションズ
編 集	二本柳陵介／森田智彦（幻冬舎）

ALL ABOUT RICHARD MILLE
リシャール・ミルが凄すぎる理由62

2017年4月20日　第1刷発行

著 者	川上康介　鈴木裕之
発行者	見城　徹
発行所	株式会社 幻冬舎 〒151-0051 東京都渋谷区千駄ヶ谷4-9-7
電 話	03(5411)6269（編集） 03(5411)6222（営業）
振 替	00120-8-767643
印刷・製本所	図書印刷株式会社

検印廃止

万一、落丁乱丁のある場合は送料小社負担でお取替致します。小社宛にお送りください。
本書の一部あるいは全部を無断で複写複製することは、法律で認められた場合を除き、著作権の侵害となります。
定価はカバーに表示してあります。

©KOSUKE KAWAKAMI, HIROYUKI SUZUKI, GENTOSHA 2017
Printed in Japan　ISBN978-4-344-03076-3 C0095

幻冬舎ホームページアドレス
　http://www.gentosha.co.jp/
この本に関するご意見・ご感想をメールでお寄せいただく場合は、
　comment@gentosha.co.jp まで。